U0073614

帶對了！天兵也能變菁英

Raise your leadership and make your team be better.

企業管理專業顧問
林均偉——著

團隊領導，不僅靠魅力更要靠實力
識人、用人和帶人，靠溝通與信任取得人心

管理團隊有一套，展現你的超高領導力

怎麼樣的老闆才算是一名好的領導者呢？或許有人會覺得懂得傾聽員工的聲音，合理分配工作，就是一名好的主管。實則不然，管理其實並沒有你想得這麼簡單，一位成功的團隊領導者，除了專業能力要服人，更要懂得創造共同願景，激勵員工士氣，讓他們跟著你有成長的機會；且領導不僅僅是帶人，更是要帶心，唯有讓員工對領導者產生信任及認同感，才能讓你穩坐於最高的位置。

領導是一種藝術，更是一門學問。治大國若烹小鮮，管理一個企業、一個部門、一個團隊尤是如此。現今的領導者必須掌握用人和管人的藝術與學問，將每位最優秀的人才，安排在最適合他的位置上，用盡其才；識人、用人是領導者必須具備的基本素質，更是領導工作的重中之重。所謂「好馬可歷險，駑馬可犁田」，領導者應該要對所有員工有全面的瞭解，合理的掌控，做適當的引導，對不同類型的人要採取不同的管理策略，不同水平的人便要派上不同的用場；唯有會用人的領導，他的專案才能順利開展，團隊才能順利運行。

除了用人之外，作為一名領導、管理者，你還要懂得用制度化的方式管理團隊，要有詳細的規範以及明確的考核獎懲制度。俗話說「要馬兒跑，又要馬兒不吃草」是不對的，你不能專制地認為，你是支付薪水的人，就可以不斷地壓榨他們。身為領導者，你帶領的不是一盤散沙，更不是一群只懂得聽取指令的機器人，而是一個能替公司創造績效，且一同開創未來的團隊；它不僅讓公司荷包滿滿，也讓你名利雙收。所以，優秀的領導者，懂得利用規範有效地管理團隊，且根據員工的表現進行考核，適當地給予員工獎勵報酬，讓他們心甘情願地為團隊、為公司、更為你效力；至於考核結果較差的員工，則應該適度地給予懲處，讓他們能夠明白團隊需要每個人的付出，才能妥善完整。

而公司等同於員工的第二個家，一天之中有大部分的時間都在工作中度過；因此，團隊內部感情的維繫，也是不可忽略的要點。多和大家接觸、聊天可以拉近彼此的距離，且透過溝通能讓你更深入地了解員工，使他們的才華能有效地發揮；且團隊的凝聚力跟向心力越大，就越能提升團隊的效率，讓團隊以高轉速運作。再者，事業與家庭，是人生最大的兩件事，分別關係到成功與幸福，所以領導者在面對員工時，應採取以情「攻心」的策略，不僅僅是關心他們的工作表現，甚至是人生規劃、家庭狀況……等等，將關愛之情延伸到員工家中，適時地關心員工的家庭，他們才會更加努力工作回報領導者所付出的「情」，對你的關心感到動心，進而對工作付出更多的用心。

領導者，帶領團隊順利地前行，引領成員走在正確的方向；一個團隊是由各式不同的夥伴組成。因此，若想讓團隊更好，你就要從成員下手，只有人帶對了，方法用對了，未來團隊想怎麼走都行，任何的難題都能一一化解，讓成員提升自我、不斷成長，各個成就菁英，使團隊得以不斷創造巔峰。

本書深入介紹，如果身為一位領導者，該如何帶領一個團隊，從團隊信念、人才挑選、建立制度化團隊到團隊創新……等，教導正確的領導觀念，由內而外做起，讓領導者了解團隊的運行跟員工可能產生的心理，並用正確的方式去迎擊且化解團隊危機，建立堅不可摧的高效團隊。現在就讓我們一同翻閱下一頁，一同解析領導的奧秘。

Contents

Chapter 1 你適合當主管嗎？領導團隊不簡單

一滴水只有放進大海才永遠不會乾涸，一個人只有把自己和集體事業融合在一起的時候才最有力量。

——雷鋒

Chapter 2 知人善任，讓你的團隊備齊最好的人才

一個人力量是軟弱無力的，就像漂流的魯濱遜一樣；只有同別人一起，他才能完成許多事業。

——哲學家　阿圖爾・叔本華

Contents

Chapter 3 團隊中，每個要素都是不可缺少的螺絲釘

人們在一起時，可以做出單獨一人所不能做出的事業；當智慧、雙手、力量結合在一起，幾乎是萬能的。

——美國學術和教育之父　諾亞 · 韋伯斯特

Chapter 4 訂定遊戲規則，建立制度化的團隊

大家做出努力之後有公道的回報，在利益分配方面比較公平；這是我們的訣竅。

——熊曉鴿

Chapter 5 有效管理，打造高效落實工作的菁英團隊

為了進行鬥爭，我們必須把我們一切的力量擰成一股繩，並將這些力量集中在同一個點上攻擊。

——哲學家　弗里德里希・恩格斯

Contents

Chapter 6 帶領團隊開創截然不同的新境界

30% 的人永遠不可能相信你。不要讓你的同事為你幹活，而讓我們的同事為我們的目標幹活，共同努力，團結在共同的目標下面，要比團結在一個企業家底下容易的多。所以首先要說服大家認同共同的理想，而不是讓大家來為你幹活。

——馬雲

Chapter 1

你適合當主管嗎？領導團隊不簡單

「一滴水只有放進大海才永遠不會乾涸，一個人只有把自己和集體事業融合在一起的時候才最有力量。」

——雷鋒

Raise your leadership and make your team be better.

Chapter 1 Chapter 2 Chapter 3 Chapter 4 Chapter 5 Chapter 6

1-1 你知道什麼是團隊嗎？

團隊是指為了實現某一目標，而由相互協作的個體所組成的正式群體。一般是由員工和管理層組成的一個共同體，它合理利用每位成員的知識和技能來整合工作，解決問題，完成共同的目標。

團隊具有以下八個基本特徵：

- **明確的目標：**團隊成員清楚地瞭解所要達到的目標，以及目標包含的重大現實意義。
- **相關的技能：**團隊成員具備實現目標所需要的基本技能，且彼此能夠良好的配合。
- **相互間信任：**每個人對團隊成員的品行和能力都確信不疑。
- **共同的承諾：**這是團隊成員對完成目標所奉獻的精神。
- **良好的溝通：**團隊成員間擁有暢通的資訊交流。
- **談判的技能：**高效團隊的內部成員經常互相支援，所以要求每位成員具備一定的談判技能。
- **公認的領導：**高效團隊的領導者往往擔任教練或後盾的角色，他們提供指導和支援，而不是試圖去控制團隊成員。
- **內部與外部的支持：**既包括內部合理的基礎結構，外部也須在必要時給予資源條件。

管理學家斯蒂芬．P．羅賓斯（Stephen P. Robbins）賦予團隊的定義是：團隊是由兩個或者兩個以上的個體，相互作用、相互依靠，為了特定目標而按照一定規則結合在一起的組織。從這個定義來看，團隊不單單是人和人一起工作，它也需要一定的規則來進行組合，且這個規則不是生硬的規章制度，而是團隊的核心信念。唯有團隊擁有信念，才能激發團隊中的成員，用最大的熱情，依照指示一同合作、完成工作，信念是一個成功團隊必備的條件。

團隊由領導者和成員組成，所以團隊信念其實也是領導者核心價值觀的昇華。也就是說，團隊的核心信念是由領導者的價值觀來建立，所以建立核心信念前，你必須遵循下列幾個原則。

- **堅持原則：**這是最容易表現但又最難做到的，如果團隊的領導者做不到堅持，那麼團隊中散發的能量，自然會變成「能幹就幹，不能幹就算了」的負能量，員工怎麼還會有士氣完成工作任務呢？
- **積極原則：**一個優秀的團隊之所以成功，是因為他們能完成其他人不能完成的任務。所以能否積極找出解決問題的辦法就顯得尤為重要。消極的態度會讓團隊成員過早放棄，而積極的信念能讓員工不斷地尋找，直到找出完成任務的辦法。
- **感染原則：**核心信念必須具備很強的感染力，具體來說，領導者必須把信念以非常具有感染力的方式呈現出來，否則大家只會將信念當成是一紙空文，不予理會。
- **信任原則：**在團隊中，領導者必須秉持疑人不用，用人不疑的原則。不信任在團隊中會互相影響，任何一丁點不信任都可能阻礙全體的成長，更不用談什麼團隊信念。
- **突出原則：**任何一個團隊的信念，都不可能只單靠一個詞、一句話來支撐，它是由眾多不同的信念和原則組合而成，且最核心、靈魂的信念，必須要突出、有重點。團隊的核心信念可以是眾多信念糅合在一起，但不可以多而雜，不然員工反而會覺得迷茫，不知道到底要遵從那一個信念來指引其工作。所以你要從眾多的信念中，發展出一種更具有感染力，更能促進團隊發展的信念作為單一的核心信念。

但團隊有了上述這些原則作為基礎後，就能建立出完整的核心信念嗎？其實還不夠，這些只是信念的基石，並不能構成團隊核心信念的高度；若想成就團隊核心信念的高度，還需要團隊每位成員自我的修練。而身為團隊的領導者，要做的就是引導成員進行自我修練：

1 團隊中無超人

我們之所以組成團隊，就是要把每個人的能力組合起來，形成更強大的力量。所以作為領導者，你要給大家一種觀念：無論是誰，都不可能獨立完成團隊中的任務，每個人都需要被幫助，不管在工作或是平時相處，都不能以超人的姿態來對待團隊其他的成員。

且就算你是領導者，也必須以平常人的姿態來面對。記住，你的任務是營造團隊的氣氛，而不是破壞團隊的氛圍。

2 領導者放權

從某種意義上來說，中央集權能讓領導者感到安心，分權則能讓員工覺得被信任。也就是說，分權是領導者用來營造信任最好的利器。員工在工作的時候，如果有一定的自由度，能自行決策部分的工作，對他們是一種極大的肯定，能夠以主人翁的角色來完成工作，且賦予他們權力和義務進行工作的話，更能激勵員工執行到近乎完美。

不過必須提醒你的是，分權必須有制度和標準，如果分權不夠或者分得太多，可能形成未來的隱憂。

3 平等互換心態

每個團隊中都有這樣的員工，工作資歷比別人久，經驗豐富。所以他們可能會以高姿態來指示別人做事，如此下來，團隊中就會少了互相分享的氛圍；形成新進成員不敢言，團隊中的老成員也不屑於接受的情況。所以領導者應該要營造一種分享的團隊氣氛，讓所有成員都能以平等的心態來互換幫助；這種幫助或許不會馬上看到成效，但卻可以讓團隊中的每個人把互換看作一種常態，而不是一項交易，更樂於分享。

4 鼓勵員工有自己的信念

團隊應該要有屬於自身團隊的信念，且這種信念不能將其他人的堅持抹滅；如果大家的想法都一模一樣，那怎麼還會有新的突破和出口。團隊的信念是一種「去其糟粕，取其精華」的完善過程，利用團隊強而有力的靈魂，指導並堅定員工的工作狀態，讓他們克服惰性、消極等不良情緒，從而堅守他們心中難能可貴的信念，讓團隊更有活力和凝聚力。所謂「和而不同」，團隊就像一棵大樹必須有核心信念作為樹幹，又必須要有員工各自的信念才能讓大樹枝繁葉茂。

5 相信團隊的力量

在團隊的世界中，不僅僅是單純的 1+1=2，而是要體現出大於 2 的力量。但如果團隊成員都不互相尋求合作和幫助，那就無法實現 1+1>2，因此，每位團隊成員都應該有這樣的想法：團隊的力量勢必大於個人。具備這樣的觀念後，不管未來遇到什麼樣的困難和阻礙，都能對團隊產生足夠的信任，也能在關鍵的時候，幫助別人和得到別人的幫助。每個人都希望在遭遇困難的時候能獲得幫助，這個時候團結就能發揮作用，讓團隊凝聚出一股力量。

6 不要隨意丟棄你的信念

信念一旦成立，就不可以任意摒棄，如果一個團隊把靈魂都丟了，剩下的僅是一具空殼，團隊和成員就不可能獲得發展。信念需要你去堅持，但在你迷惘的時候，它又能鼓勵你堅持走下去；這就是團隊核心信念的真正意義，鼓勵著團隊成員堅持，又從中不斷得到團隊認可。

團隊的核心信念不單單只是學習、模仿。每個團隊的核心信念就跟人的性格一樣，可能有共性，但卻沒有絕對相同的兩種性格。所以在建立核心信念的時候，不可盲目地模仿或跟隨其他團隊的信念，而是要根據自身團隊的性格、優缺點來調整，建立適合的信念；且這條信念應該要能發揚團隊的優勢，並有克服缺點的力量。

信念是團隊的支柱，更是團隊的靈魂。團隊的發展就像是人成長的過程般，會產生迷茫和消極，但信念始終會指引著你成長；而團隊的成長過程中，同樣也會遇到很多的誘惑和阻礙，所以核心信念的建立顯得更為重要。

當今是一個互助合作的時代，團隊對於任何一個企業都至關重要，它可以牢牢地將整個企業捆在一起，有效地發揮整體作戰能力。尤其是在世界金融危機的背景下，一間企業若想順利地生存和發展，就得依靠團隊的力量來度過難關、創造奇蹟。因此，如何帶領、經營並管理好團隊，對於企業各層的領導者來說，比任何時候更為急迫。

那麼，如何才能帶領出高效團隊呢？所謂「帶隊伍」，就是指在開展部門、團隊各項工作的過程中，積極主動地培養、提升員工的業務能力以及綜合素質，促使他們成長，讓他們更為優秀，更能勝任工作，不斷地為團隊、為公司注入一流人才。

事實上，注重領導者的帶領職能，是對領導者的基本要求。員工如果不夠稱職，不夠優秀，不能勝任工作，在很大程度上，是因為你沒有發揮好帶領的職能。身為主管，你希望擁有什麼樣的員工，就要用什麼樣的方式、心態去培養並領導他們。

首先，帶領團隊，應該先搞好自我建設。也就是說，主管本身應該具備優秀的識人用人能力、團隊協作能力，以及指揮協調能力，而且要能以身作則，發揮示範和表率作用。

其次，還要具備帶好團隊的信心，對自己和團隊的發展有一個合理的規劃和具體施行的辦法，比如提出團隊發展的共同願景、制訂團隊的管理規則和制度，而這些最好能和員工分享，並鼓勵員工一同參與訂定的過程。

再次，你要掌握團隊日常管理的技巧和方法。比如，採取考核和競爭的方式，激發員工的主動性和積極性，讓他們自動自發地工作。另一個則是合理授權，採取目標管理和任務管理的方法，激起他們的緊張感；等員工完成任務達成目標後，再為他們進行心理紓壓，化解團隊內部衝突，宣導協作，替員工建立一個良好的心理環境和工作環境。

最後，你要注重他們的教育訓練，讓團隊不斷創新。當今是個學習型社會，知識更替的非常快，所以身為領導者，你要不斷提供學習的機會，確保員工的實力和團隊的活力。另外，改革創新是促使團隊與時俱進、加快發展步伐的重要保障，因此你要勇於革新，使團隊的才能更為提升。

1-2 身為領頭羊，提升你的領導魅力

領導力雖然是一個名詞，但在整個執行的過程中，它其實是一套完整的系統。作為團隊中的領頭羊，擁有領導力是一個必須但卻不是絕對的結果；在團隊中，領導力不代表權力，領導者也不一定都擁有領導力。

為什麼會出現這樣的情況呢？其實只要我們真正瞭解什麼是領導力之後就會得到答案。

如何定位領導力

領導力是能力的大綜合，無論是做人還是工作，能力的高低直接決定著領導力的強弱。領導者雖然位於金字塔的高階層，屬於成功者的那群人，但他們並不是完美的聖人，在現實中也存在著種種的不足；所以只有不斷地完善自己，才能培養出名實相符的領導力。

領導力是一門綜合性很強的學問，也是一套系統，那麼領導力到底是由哪些系統或元素組合而成的呢？

- **眼光：**作為領導力的其中一部分，眼光代表的是領導者對未來的預測和判斷，是其如何帶領團隊開拓未來的能力。而眼光的好壞又是自身累積和進步成果的一種體現。
- **感染：**領導的魅力在於感染，而感染又在於你是否有堅定的信念、崇高的人格、令人敬佩的大智慧。它存在於每一個細節中，也存在於你散發出的特質裡。
- **決策：**這是團隊遇到問題和突發事件時領導者必須具備的能力，而且決策必須在有效的時間和空間之內完成，也就是說決策必須是果斷且有效的，你必須有準備、能防範、可化解……等多種應對措施。

- **掌控**：領導者的核心即是掌控，但我們這裡說的掌控不僅僅是針對員工來說，包含團隊的發展、前景的預測、局勢的駕馭，這些都應該在領導者的掌控之中。
- **影響**：影響力可說是領導力的核心，任何一個團隊中，如果主管沒有影響力，都會變成一堆散沙；若團隊成員各自走著不同的方向，就是因為你沒有影響力可以作為指引。

這「五元素」在發展的過程中不一定能做到齊頭並進，它們有的是領導者的優勢或劣勢，這也解答了本小節開頭提出的問題；領導者都具備著一定的領導力，但它會隨著「五元素」而產生變化，當「五元素」實力都較大的時候，其領導力就會很強大；當「五元素」較弱的時候，領導力相對就會弱一些。

根據領導力的強弱，我們又可以把領導力分成六個層次，從這六個層次中，你能發現自己領導力的不足，然後對應自己較薄弱的劣勢進行強化和提升，讓領導力隨之成長倍增。

1 基礎層次

領導力的基礎是職位和權力，也就是說，你必須在擁有權力和職位的前提下，才得以施展領導力，而且權力必須是實質且強硬的。因為這個層次的領導力屬於較低階級的層次，本身就缺乏領導力中的「五元素」。因此，現階段的領導者通常很難和有才華的員工合作，員工會無法接受過於強硬的領導風格，所以無論是在哪個方面，這個階段的領導者都必須先加強自我的修養。

基礎層次就像是原始社會，缺乏各種領導技巧，是每位領導者必經的過程，順利度過的人會大大提升領導力；但如果不能有所進步，反而會轉變為非常粗暴的管理模式，令員工難以接受。

願意被領導層次

這個層次相較於基礎層次，領導力在感染方面已有所進步，員工自願地被指揮、管理，且這種自願並不是出於職位的和權力的脅迫。這個層次的領導者在部分員工眼中可能已是一位好主管，但對於整個團隊來說，卻不一定稱職；因為從好的定義來看：你可以是位好說話的主管，也可以是位承擔責任的主管，更可以是不會使喚人的主管。但對於一個團隊來說，好說話並不表示能夠控制員工；而承擔責任的主管則可能讓員工覺得自己毫無責任壓力，工作愈發隨便……諸如此類的領導者其實對於團隊的長遠發展或對員工栽培都是不利的。所以，處於這個層次的領導者在眼光、掌控、影響等方面還不夠優秀，在應對團隊危機的時候，有可能會出現弊端、產生問題，要小心提防。

3 才能征服層次

這個層次是對五要素中眼光和決策的考驗，領導者因為具有常人不可企及的能力，進而吸引有才能的員工追隨。而領導者的才能，可以帶領團隊從一個高峰走向另一個高峰，讓團隊成員有強烈的成就感和認同感；領導者的才能，將決定這個團隊可以走到什麼境界，獲得怎樣的成就。

雖然才能是領導力的一部分，但現實中，其實有很多主管的才能遠不及於少數員工，所以你要懂得善用他們的才華，為自己建立領導能力；重視有才能的員工，讓他們有施展才華的空間，不但能讓你的力量更強，也是鞏固地位的一種方法。

機會層次

我們都知道，比別人懂得多的人，才具有傳授知識、技能的資格。從整體來看，老師一定會比學生懂得多，同樣地，領導者相對也比員工懂得多。

但作為一名優秀的領導者，在達到一定水準後，應該將機會分散給員工，讓他們能從實踐中獲得更多的知識和技能。如此一來，你才能在掌控力上得到更多的資源支援，且員工也會因為獲得機會，工作時更充滿熱情和創造力。

若想達到這個層次，你就必須有強烈的自信心和寬厚之心，強烈的自信心促使你敢於教授員工更多的技巧；而寬厚的心則讓你願意為員工提供更多的機會。長久下來，你的眼光會更加深遠，掌控更加自然，把一切都看在眼裡，又把一切都掌握在自己手裡。

5 危機處理層次

這個層次的重點在於決策，雖然很多時候團隊不一定會遇到很嚴重的危機，但危機來臨時，領導者的重要性就會突顯出來，這個時候就算是槍林彈雨也必須站到最前線，否則你之前的行動、語言都是空白和虛無的。

面對危機的時候，你可以廣泛徵求員工意見和處理的辦法，但最終的決定權在你。身為領導者，必須考慮大局和長遠利益，任何決策都要有高瞻遠矚的意識；而且必須以果斷的姿態，將行動作為解決問題的第一步。

6 人心所向層次

此階段為領導力的最高層次，五個元素都相對強大，領導者能把領導力發揮出一個完整的體系。所以你只要在細節上不斷地完善這五項元素，那麼就能邁向更高層次，能力持續地提升，領導力越高，領導效果越好。

其實每個人都具備領導才能，若要把才能轉化為領導力則需要從低層次做起，慢慢累積自己的能力，邁向領導力的更高層次；而在這過程中，可能需要放下身段，從工作和生活中不斷學習，只有學習才能讓領導力不斷增強。

做團隊的領頭羊

身為一個團隊的領導者，你可以有自己的方式和行事作風，但有一點必須注意，那就是做團隊的「領頭羊」，成為一名「帶頭型」的領導者；只要做得是正確的事情，員工就能感受到你的領導價值，他們也會因此受到激勵。且身為領頭羊就該身先士卒，無論前方是什麼狀況，都要義無反顧地走在前面，如果前方有危險，就利用經驗去判斷並遠離危險，成為整個團隊的支柱和指揮者。作為領導者，你既是在管理手下的員工，同時也在引導著他們；只要將自己管理好，他們自然會以你為模範，願意追隨你。

中國有句話：「人不率則不從，身不先則不信。」如果你具備了表率作用，凡事都能帶頭，即使沒有發號施令，手下的人也會奮勇跟上你的腳步，而這也是聰明的領導者應該明白的道理。

從某種意義上說，工作就像一場戰鬥，只有大家並肩作戰才有取勝的可能；一位優秀的主管應該是最先邁出腳步的那個人，而不是只會發號司令，自己卻原地不動的人。

身先士卒的主管最具號召力，常言道：「喊破嗓子不如做出樣子。」帶頭作用會對員工產生最直接的影響力，而對於整個團隊來說，影響力無疑是前進最大的動力，也是打造服從團隊的重中之重。只有自己先做出表率，才能嚴格要求員工也做到，發佈命令的時候，員工才會服從。

不斷提升你的領導力

想擁有出色的領導力，需要一個漫長的積累過程，而不是來自一朝一夕之功。

在奧格．曼迪諾（Og Mandino）的經典之作《世界上最偉大的推銷員》一書的結尾處有這樣一句話：「沒有一樣美麗的東西可以在瞬間展現它的華彩，因此你需要信心。」

同樣地，若要提升領導力也是如此，你不僅需要信心，還要有將它堅持執行下去的毅力；只有這樣，你才能發現「華彩」之所在。若具體來說，提升領導力你要做到以下幾點。

良好的個人修養

你要有領導的風範與修養，在個人修養方面，應該做到以下幾點：

- **要以德待人：**領導既要善待、尊重每一位員工，同時也要關心員工的生活，致力為他們營造一個良好的工作環境，讓團隊成員間關係融洽、和諧相處；只有良好的工作氛圍，才能激發他們工作的熱情。我們常說「熱愛你的工作如同熱愛你的家庭」，就是要員工把團隊當成一個大家庭，讓他們有強烈的歸屬感；而要做到這點，你就要在職責範圍內落實做到關愛員工。
- **要以理教人：**在教育員工時，領導者要儘量避免空洞的說教；解決員工問題的同時，也不要吝於幫助員工解決實際的困難，這樣才能免去他們的後顧之憂，讓他們心情舒暢地做好份內的工作。
- **要以身感人：**也就是以身作則，做好表率。尤其是對於直接接觸員工的中基層主管來說，更要做好典範，在要求員工前自己要先做到，嚴以律己、寬以待人，這樣你才能在員工中樹立起威信。
- **要以威服人：**領導者的權威不僅要依靠權力打壓，還要透過公平、公正、公開的管理實踐。若要做到以威服人，就要處處為團隊的利益著想，時時為員工著想，切勿自私自利、貪小便宜。而且，領導者的思維和處世能力要高於一般員工，這樣才能讓他們信服於你；總之你要學會當一個甘於奉獻、不張揚、不做作，關鍵時刻能夠挺身而出的領導者。

✿ **尊重員工，平等待人：**在現實中，總有那麼一些人，當上主管後就覺得自己了不起，似乎身份、地位都高人一等，而這樣的領導者是難以讓員工信服的。身為主管，一定要保持清醒的頭腦，工作上你可以嚴格要求員工做好指派的任務；但工作之外，你要用互相平等的心態對待他們；更不能在職場之外，把其他人也當自己的員工，呼來喝去地使喚。

2 不可或缺的自我管理能力

管理別人前，首先要管理好自己。近年，自我管理已成為管理界熱門的話題，李嘉誠說：「在我看來，要成為好的領導者，首要任務就是自我管理，在千變萬化的世界中，你要發現自己是誰，瞭解自己想成為什麼模樣，並建立個人尊嚴。」

上述所指的自我管理能力包括：對自我領導能力的認識，懂得如何揚長避短；理解工作與生活的意義，並在此基礎上建立正確的人生觀與價值觀；認知及管理自己的情緒和壓力；評價並建立自己的工作目標與職責。

3 全方位修練，擺正自己的位置

團隊領導者要善於處理和協調上下左右的關係，不論是從工作還是從個人發展的角度看，這都十分重要的。那一名稱職的領導者，在日常工作中要怎麼處理好這些關係呢？答案就是要擺正自己的位置。

首先，對上級要體諒。人們通常認為上級應該要體諒員工，但其實他們同樣需要得到員工的諒解。比如說，你要理解上級的苦衷，知道他們背負的壓力比自己更重，要承擔的風險更大，勞神費力的時候更多。所以當上級在面對棘手的事情時，你要想辦法替他們分憂解勞，並在彙報問題時提供自己的意見和想法，而且對上級的批評不做過多解釋、不找藉口。

其次，對員工要關心。勇於推功攬過，不可把責任都向下推；善於推功攬過的主管，能對員工展現出魄力和勇氣，是一種個人素質與責任感的雙重體現。如此，你才能讓團隊形成一股凝聚力。

再次，對同級要尊重。同級之間的關係也很複雜，有時甚至會牽扯到公司內部不同派系的團體利益，所以對於同級之間的關係你一定要妥善處理，多去理解對方，尊重對方，將尊重體現在坦誠及互相信任上。若遇到有爭議的問題時，要全面性的思考，想辦法一同解決。

最後，對自己要加強修練。在人品上嚴格要求自己，待人真誠，不在別人面前議論他人長短，更不能算計陷害同事。此外，注意待人接物的基本禮貌和禮節，把職位和金錢看得淡一些，並遠離各種「惡習」，控制自己不良的欲望。

4 抓住工作重點，體現領導的價值

作為領導者，你知道自己的價值究竟體現在哪裡嗎？你不一定要事必躬親，領導最關鍵的是帶好員工，讓他們的潛力能發揮出來，所以你的價值大多體現在對員工價值的提升上。

一位優秀的領導者，要想方設法將團隊的價值發揮最大化，發揮 1+1>2 的力量，達到最好的結果。你要認真思考如何提高團隊的凝聚力和戰鬥力，讓每位員工都願意為團隊的進步貢獻力量；讓每位員工都能在團隊中成長，將團隊成員擰成一股繩。而判斷員工的核心價值所在，也是判斷自己能否勝任管理工作的關鍵所在。

5 敢於顛覆自己

現今，很多人都非常重視且仰賴經驗來進行管理。的確，擁有豐富的經驗，能省去很多時間和精力在探索上，迅速讓自己進入工作狀態；但凡事有利就有弊，經驗有時也會是扼殺創新能力的一個負面因素。

有著豐富經驗的領導者，也許可以省去適應的時間，很快地將工作走向正軌，但經驗往往讓人思想僵化，缺乏創新能力。所以，如果你總是仰仗著經驗行事，久而久之，你的領導能力就會降低。

在美國總統選舉中，很多選民都認為應該選擇曾經擔任過參議員或州長的候選人，因為經驗能讓他們更勝任總統這一職務。然而，事實卻證明：經驗對於治理國家並無多大幫助。

回顧歷史，有很多毫無「經驗」的總統反而有著歷史上非凡的成就和貢獻，比如林肯和杜魯門，他們在擔任總統前，都沒有領袖經驗，但這並不影響他們成為美國人民擁戴的偉大總統；而那些看似擁有豐富「經驗」的總統卻做得不盡人意，比如胡佛和皮爾斯在擔任總統前，都具備非常豐富的領導經驗，但結果證明，他們都不是成功的總統。

而對於企業團隊的領導者來說，也是同樣的道理。經驗並不能代表一切，更不等同於管理能力；它往往只意味著時間和數字上累積，而且從某種程度上來說，時間和數量並不能代表品質。

擁有二十年工作經驗的領導者，與只有二年工作經驗的新人相比，前者處理問題的能力不一定是後者的十倍，甚至連能否強過後者都有待查證，因為他二十年的工作經驗，很可能只是不斷重複原先舊有的技術，沒有任何實質能力的提升。因此，將經驗與能力混為一談的想法有失偏頗、值得商榷。

所以，在經驗和創新的態度上，你應該有一種不破不立的顛覆精神，才能常保進取心，讓領導力永在。

6 勇於自我超越

自我超越意味著勇於克服自己的弱點，對自己的行為負責，並隨著外界環境的變化，將行為模式和心理狀態不斷地進行調整，敢於接受新事物，又能堅守住自己的道德準繩。

自我超越是建立自信的關鍵。真正自信的人通常較善於和別人交談，因為他們的內心存著一種安全感，使得他們敢於了解並接受未知的事物，且能順應環境的變化，進行相對應的變革；他們明白自己並非無所不知，因此，他們通常都對新事物充滿好奇心，討論問題時，善於鼓勵他人提出與自己不同的觀點，並學會在爭論的過程中實現腦力激盪，不斷學習，不斷提升；他們敢於冒險，並願意承擔風險，善於重用比自己聰明的人；他們在遇到困難時候，永遠都不會束手無策，相信自己有能力解決眼前的問題。

1-3 領導屢戰屢敗？先懂得獲得員工的信任

在團隊中，「被認同」意味著有更多的人願意跟隨、支持你，這對一名領導者來說非常重要，畢竟誰都不想成為光桿司令。人與人之間最理想的相處狀態是每個人都能喜歡並支持自己，但這畢竟是理想狀態，絕對會有人反對、誤解。所以在現實中只有做到讓絕大多數人認同，才能讓自己處於最有利的位置。

被廣泛認同的絕佳地位

團隊中不僅存在合作關係，還有職位、薪資、人際、認同感的競爭，若你在團隊中是獨行俠、個人主義者，那你一定不可能在團隊的競爭中取得勝利。譬如一位新人剛進入一個團隊的時候，常常會面臨一種情況：兩隊不同的人馬邀請你加入，其實他們只是希望能得到新血，獲得多一分的認同。而得到廣泛認同的一方，在未來的工作中，無論是資源還是人力都會佔有絕對的優勢；所以作為一名領導者，得到大家的認同能夠讓你的職業生涯獲得更多的成功。

從心理學的角度來說，對自己充分自我認同的人，內心會擁有較多的安全感，能夠快速地找到自我定位並順著這個方向前進。所以若想獲得別人的認同，首先你要建立自我認同感，那麼應該怎樣做才能完善這份認同感呢？

- **拋棄虛榮：**讓自己的內心充實永遠比虛榮的渴求更為實際，虛榮帶來的是精神的饑渴，你只會覺得空虛和自卑；唯有增強自我滿足感，才能肯定自己，堅定自己的行為。
- **關注當前：**與其苦惱遙不可及的未來，不如把眼前的問題解決好，把不確定留給未來，將實際的付出放在當下。每個人都不能確實的掌握好未來，所以我們能做的只有關注當下，才是對未來最好的控制。

- **切合實際：**無論是設定目標還是自我要求，都需要切合現實。雖然我們要不斷地激勵自己發揮潛能，但不切實際的目標只會讓你產生更多的自我懷疑，永遠不可能達成目標，那麼這中間所有的努力都會變成浪費，逐漸磨滅掉你所有的信心。
- **定期冥想：**這裡所說的冥想並不是指天馬行空的思考，而是把自己設為中心，將一段時期的行為做一個評價和反思，並假設自己可以做得更好。冥想的好處在於讓你進入一個高於自己的境界中，從另一個高度給自己一個客觀的評價。
- **拋棄外界干擾：**有時候並不是我們做錯了，只是不符合世俗的標準，這時候就容易讓你產生自我懷疑、失落的情緒。若要對付這種情緒，你要把自己獨立於外界，遠離一切干擾，讓自己聽從自己的內心。

說到底，自我認同只是一個開始，最重要的還是要得到團隊成員的認同。所以在建立自我認同的時候，要注意不要過度自我膨脹，否則只會讓大家遠離、討厭你。而得到廣泛認同的前提是你要符合大多數人的期望，但每個人又都有各自不同的期望，所以你要從中尋找到一些共性來實現。

1 親切是基礎期望

誰都不喜歡跟高高在上、尖酸刻薄的人一同共事，就算你是團隊的主管，也不能在衣著、言語或行為上過於特立獨行；更不能讓員工覺得你擺架子、耍官威。所以你必須讓自己親切一點，多一些笑容，主動和同事打招呼，讓自己散發著親切感。

領導者從職位上就有一定的距離，倘若你還沒有一丁點兒親切感，那麼只會讓你與他們之間的距離感加深。員工希望看到和藹可親的主管，能帶給自己更多的勇氣；而不是金剛怒目的主管，讓他們畏懼。親切，是員工對同事和主管最基本的要求。

2 能力是驚喜期望

領導者其實未必在任何方面都是精英，員工也都心裡有數，但還是希望在遇到艱難時，主管能想出辦法來解決問題；所以就算成為領導者，你也不能放棄各種學習的機會。而且作為一名主管，若想得到員工的認同，光站在一旁喋喋不休，出一張嘴是沒有用的，挽起袖子真正幹一場，才能讓員工折服，使你處於不敗之地。

領導者的能力也是一個標誌，提醒著所有人，因為你具備某種能力，才能夠站上領導者的職位。但領導者對員工展現的通常是管理能力，所以如果你能夠在具體的工作上，實際展現出自己的才能，大家就會覺得你不是只會說空話，而是真正能做事的主管，對獲得團隊成員的認同非常有幫助。

3 凡事留一步是敬佩期望

領導者在團隊中握有生殺大權，無論在人事、獎懲、晉升等方面都擁有絕對的權利，但權力並不是讓你毫無分寸的運用，有時候寬容一些，替自己留一點餘地，讓你在員工心中產生高大的形象。所謂人性本善，對別人寬容也是一種胸襟和氣魄，給員工留有改過的機會是得到他們支持的良方。

身為領導者，取得認同最好的方法就是施予寬容。人都希望犯錯的時候能夠得到別人的諒解，若員工犯錯的時候，你願意給對方一個機會，這樣的主管能不得到他們的認同嗎？

4 職業成就感是期望的最大值

員工都希望能在工作上取得成就，不管是金錢、鼓勵或褒獎。因此，作為主管，你不能只是擁有較強的能力或更多的經驗而已，還要能讓員工在工作上獲得成就感，激發出他們更大的潛力。

且賦予員工成就感，可不是簡單的發獎金、給禮物，而是要讓對方獲得肯定。每個人都會面對外界的評價和批判，如果你能給予員工直接的肯定，那麼他們獲得的成就感就會更加強烈；這是一個雙贏的辦法，既能讓員工高興、滿足，又能夠促進團隊的發展。

5 得到認同是高級期望

除自我認同之外，領導者也要學會認同他人，人際交往的世界是公平且互相的，若你付出一分，自然就收穫一分。當你認同別人也會得到別人的認同；當你滿足團隊成員的期望後，你就是他們所認定的領導者，誰都取代不了。

在認同團隊成員時，領導者要具有一定的胸懷，可能會有一些人做的不如你所預期，但你應該看到他們在過程中所展現的優點，給予認同並讚賞；每個人身上都會有不同於他人的優點，關鍵在於你能否發現。

團隊領導者不能只坐在辦公室裡的樹立權威，你必須獲得大多數人的認同和支持，這樣說話才能更有分量、更有影響力，甚至能夠做到一呼百應。但領導者也不是聖人，不可能讓所有人都喜歡、接受你，所以在面對那些不認同自己的人時，你要試著改變他們的想法但也不要過分勉強；能夠得到大多數人的支持，已代表著你處於最佳的位置上，不用過於執著。

帶好團隊最重要的八個秘訣

很多領導者都存在著一個相同的問題：面對大型的團隊，總是無法指揮、協調好每位員工的工作。這是因為規模龐大的團隊，人多意見自然就多，各式各樣的矛盾會慢慢浮出檯面，在管理方法上當然完全不同了。而作為團隊的領導者，該如何練就指揮大型團隊的「功力」，並發揮自己的能力，將隊伍帶領好呢？

其實，要管好一個大型的團隊，是有些方法可以運用的。倘若你掌握了這些訣竅並靈活運用，即使未來面對再大的團隊，都能將隊伍帶得很好，讓自己的管理能力更上一層樓。

藍色噴泉傳媒（Blue Fountain Media）的創始人曾這樣說：「我發現，如果建立團隊內部的工作小組，能夠更快速、有效地完成任務。每一個小組各自負責特定的任務，再透過小組定期合作，讓彼此在溝通和理解上做得更好。」

因此，管理專家們總結了這方面的祕訣，讓領導者在面對大型團隊時可以多多借鑒：

- **分工攻克：**就像藍色噴泉傳媒的創始人所說，將難題一個一個分開來解決，在團隊內部劃分不同的職能小組，根據這些小組的特點加以管理。
- **要把任務分配得非常具體：**分配任務的時候，過程要簡潔扼要、毫不含糊，讓員工明白要幹什麼，需要達到怎樣的結果，必須在什麼時候完成任務以及任務延宕的後果。當員工明白了這些內容後，他們就能知道自己的職責和權力範圍，將工作安排好，省去繁瑣的環節，提高工作效率。
- **出現問題馬上解決：**大型團隊最怕遇到的敵人就是拖累，通常工作上出現的小問題，很多人都不太在意，但這些小毛病往往是決定成敗的關鍵因素。所以作為團隊的領導者，一定要明白問題出現時，馬上解決的重要性，並且制訂相關的獎懲措施；如果沒有按照規定將問題解決時，後續應該怎麼辦、是否有補救方法……等，都是領導者需要考慮的問題。

- **將大任務拆分成小任務：**一項工作如果過於重大，就要分成若干小塊，將責任切割開來，這樣才不會讓單一員工背負巨大的壓力，還能增加他們的自信心。因為對於參與重大專案的員工來說，這都是鍛鍊的機會，也能避免未來主要員工離職時，造成專案執行上重大的缺口。
- **確保新員工更優秀：**龐大的團隊容易出現養庸才的情況，所以在招募新員工時要做好把關，確保新進人員的能力和人品，讓團隊越來越精實。
- **精簡工作流程：**管理一個龐大的團隊，如何精簡工作流程十分重要，也許只是一個小環節，就能節省巨大的成本耗損，從而提高工作效率。你要在日常工作中仔細觀察、多多留意，找到可以省去的步驟，達到工作流程精簡的目的。
- **清除流言蜚語：**一個團隊中若充斥著流言蜚語，絕不可能實現團結。對於愛議論是非的員工，如果你不能保證他下次不再犯，就要堅決、果斷地請他離開；否則，一旦流言蜚語在團隊中傳播開來，可能會造成難以想像的後果，一發不可收拾。
- **搭建交流的平台：**規劃團隊內部活動，增加彼此間的感情，透過交流討論出解決難題的辦法；總之多做正面的交流總是有益。

做好三件事，讓員工永遠信任你

建立信任並不是一時半會兒的事，在面對一些重大事件的處理過程中，領導者通常都會在員工心中留下深刻的印象，而這些印象可能為領導者帶來正面或負面的影響。可以說那些有助於建立信任的事情，員工永遠都不會忘記；而那些破壞信任的事情，員工永遠都不會原諒。所以，請做好以下三件事：

1 犯錯的時候要真誠地跟員工道歉

每位領導者都會有犯錯的時候，但他們通常對錯誤輕描淡寫、不以為然，或者只承認錯誤但不道歉；有些則礙於面子，認為不能對自己所做的錯誤決定向員工道歉，因為這樣會讓他在其他員工面前丟臉。然而，這麼做往往只會加深錯誤帶來的負面影響，當錯誤發生時，你若明確且真誠地說「我錯了」，反而能獲得大家的信賴。如以下的回應請你一定要避開。

✿ 認錯的時候不能打折扣地說：

「如果有人認為我錯了或感覺被我冒犯，那麼我道歉。」

（潛台詞：「我不認為這事有什麼大不了，但因為你介意，所以我才這樣說。」）

✿ 認錯的時候也不能用被動語態推卸責任說：

「錯誤已經鑄成，我為此感到抱歉。」

（潛台詞：「我不想承認這是我的錯誤，但是我不喜歡因為錯誤所導致的混亂。」）

道歉的時候應該說明自己犯了什麼樣的錯誤，並為錯誤承擔了什麼責任，還要清楚告知以後不會再犯以及改善的方法。例如：「昨天我指責你所犯的錯誤，其實是我的錯，我忘記是我請你將工作暫停。因為我個人的疏失而批評你，我為此道歉，而且我保證從今天開始，會把工作記錄做得清楚一些。」

2 睿智地處理了員工的愚蠢錯誤

優秀員工難免也會做出令人失望的事情，這些事無傷大雅、無關犯罪，只是很愚蠢，讓人出乎意料。但富有領導力的領導者不會漠視錯誤，也不會責怪犯錯的員工，他們反而會加以說明，讓員工從錯誤中吸取教訓；且他們習慣調查事件的起因，評估造成的損失並表達失望的感覺，讓員工吸取教訓的同時期望員工能做得更好。這些領導者很聰明，知道優秀員工會因此反思和加強自己；他們也清楚自己的行為可能帶來怎麼樣的結果，所以妥善地利用員工不經意的小錯誤，來進行機會教育。

3 對於員工私人和重要的事情給予同情和鼓勵

一位優秀的領導瞭解：如果員工生活中發生了很重大的事情，他們要給予支持與協助，或者幫員工減輕痛苦。當員工贏得獎勵或者獲得新的證書；員工的孩子或者伴侶取得成功；員工的父母生病的時候，領導者若對這些事情回應得體的關懷與關心，將會給員工留下難以抹滅的印象。有專家在進行一項企業員工家庭狀況的調查時，就被一篇感謝老闆的評語深切打動。

我的家人得了重病，而我是看護人。當時我的老闆給了我全面的支持，要求我先暫緩工作以照顧生病的家人為優先，他讓我知道家庭才是最重要的，讓我不覺得對工作有愧，使我如釋重負，而今後我保證會努力工作回報他。

要特別注意最後一句話，你看到的不僅僅是感謝，還看到了回報。無論在艱難的時刻還是歡慶的時刻，永遠不要低估領導者對員工可能產生的重要性，尤其是一則手寫的短箋。

對於員工來講，他們真正在乎的是領導者實際的可靠性；如果你讓員工覺得你僅在乎自己的利益，他們就會給你貼上不值得信賴的標籤，不可能對你產生認同。

1-4 管理是一門學問，要技巧性的執行

對於管理中的公平問題，蓋洛普公司曾做過一項調查，結果顯示：員工績效不佳或對企業忠誠度不夠，大部分原因在於其領導者管理時的「不公平」。在管理中，他們往往亂用或是誤用「公平」，濫用平衡術，無視業績與能力的差異，導致優秀員工不滿於公司的執行制度，選擇離開。

管理是一種平衡藝術

沒有原則、無視績效和能力差異、單純地搞「一刀切」是管理中最大的不公平。公平指的是程序上的公開，透明化的運用規則；換言之，領導者必須確保團隊擁有完整公開的程序和規範，讓員工明確地知道自己該做什麼、怎麼做，做到何種程度才能得到相符合的報酬。而每位員工最終的報酬如何，則完全取決於個人能力和努力的程度，也就是績效水準的高低。

公平只是管理平衡術的一個表現，運用得當就能獲得事半功倍的效果；運用不當，其結果則會事倍功半。

領導者應該集中精力讓局面和各方力量相互變得平衡，否則就會惹來大麻煩。華為公司（HUAWEI）總裁任正非曾撰文指出「管理是有灰度的」，而他所指的「管理灰度」，在某種程度上來講就是一種平衡與妥協；但無論是平衡還是妥協，你都不能毫無原則，唯有如此，才不至於把「平衡」等同於「平均」。

1 效率與效果的平衡

彼得．杜拉克（Peter F. Drucker）說：「對體力工作而言，我們所重視的只有效率。」他還說：「我們無法對知識工作者進行嚴密和詳實的督導，我們只能從旁協助，他們必須自行管理，自主地完成任務；自主地作出貢獻和追求工作效益。」因此他總結出一個結論：「衡量知識工作主要應看其結果，而不是看企業的規模有多大，或者管理工作的繁簡。」

總的來看，關於效率和效果，彼得・杜拉克的觀點是：對體力勞動者，要以效率管理為主，管理其工作的過程，只要過程做得好，結果自然就好；而對於知識工作者，則要以管理效果為主，讓他們在工作過程中，按照專業自由發揮。這種觀點值得大家學習借鑒。

2 人情與制度的平衡

如果把人情比作人的一條腿，那麼制度就是另一條腿；把人情比作車子某一邊的輪子，制度就是另一邊輪子。車子缺了哪一邊輪子都不行，而腿少了哪條都會瘸。

因此，在團隊管理的實踐中，千萬別讓制度傷了人情，也別讓人情壞了制度。倘若制度傷了人情，人的能動性就會喪失；若人情壞了制度，團隊的可持續性就會出現問題。

由此可知，領導者必須平衡好人情和制度之間的關係，之所以說平衡而非摒棄，是因為人情管理和制度管理從本質上並無優劣之分，全依據團隊的具體情況而定；因此，領導者要先明確出標準。比如說，一個團隊不管是人情管理還是制度管理，目的都是為了激發員工的積極性，開發員工的潛力。通常，當人情過了頭時，員工就會出現懈怠、工作不積極、潛力激發不出來等現象，這時，良好的獎懲管理就能在平衡中起作用；同樣地，當制度苛刻時，員工的情緒就會變得消極，在這種情況下，只有人情才能使人在平衡中重拾信心，進取努力，此時正視人性才是重要的。所以，明確的標準可說是劃分人情和制度的一條分界線。

 緊迫感與保持耐心的平衡

面對瞬息萬變的企業外部環境，領導者最重要的任務之一，就是向員工傳達工作的緊張感；但過猶不及，所以，向員工傳達緊張感時，你要保持一定的耐心。也就是說，領導者要明白在何時、何地、以何種方式去推進工作，員工才能跟上你的步伐。而且，一位懂得平衡術的主管，他會在必要時，給予員工支援和指導。

另外，保持耐心還意味著要不斷地給予員工在工作上的回饋和建議，因為他們需要知道自己在做什麼，又該做些什麼。

 果斷與柔性的平衡

態度堅決就是指處事果斷，能直接面對挑戰，面對抵觸情緒時能堅定立場。但一位懂得體諒別人的領導者，他會將心比心，考慮每位員工的侷限性，把人和變革結果放在同等重要的位置上，否則變革的鬥志和決心都會受到損害。

很多領導者在面臨抉擇時，通常會壓抑自己的另一面；但如果在重大變革和危機能採取感性的溝通，可能反而帶來意想不到的效果。每位員工都希望自己的主管是位堅決、果斷的人，但又希望看到主管人性化的一面。

 強勢與包容的平衡

由於職位和權力的緣故，很多主管都會刻意保持強勢的作風；但再強勢的人，也必須學會用一種兼容並蓄的心去包容別人的意見，所以你必須在強勢與包容之間找到平衡點。

懂得平衡的領導者絕對不會過於盲目樂觀，他們在做出決定的同時也會尊重現實，保持一個開放的心態；他們會提出意見、傳遞資訊，並激勵員工努力奮鬥。總而言之，領導者若能做好平衡的話，一定能贏得大家的信賴。

6 自我意見與他人意見的平衡

堅持自己的判斷、堅持自我是領導者必備的素質，因此很多領導者都習慣獨立作業並以此為樂；但在日漸擴展的團隊中，若想要帶好團隊，你就必須在獨立做出判斷的同時也試著信任他人，能聽進別人的意見，讓員工表達觀點，集思廣益。無論什麼時候，群策群力總大於個體的力量。

7 經驗與創新的平衡

很多經驗豐富的領導者在面對危機和問題時，總習慣性地用以前的經驗來做出判斷和決策。

經驗確實是一筆寶貴的財富，但從一定程度上講，有時反而成為絆腳石，它讓人侷限在過去看不清未來，其結果很可能就是沒有結果，長此以往，結果甚至可能變成災難性的。因此，對待經驗的正確態度應該是相信經驗，但不被經驗所惑；簡言之，你要敢於打破常規，勇於創新。

如何擁有領導氣場

在古代，「領導氣場」可解釋為「官威」，領導者需要有威嚴和威望，才能發號施令，一言九鼎。不過若僅具有威嚴和威望，並不足以建立強大的領導氣場，還需要領導者擁有更多的智慧。

能在一群人中能取得存在感，對別人產生的影響力，且對自己人生表現出掌控力，這是對個人價值的體現，也是形成領導氣場的必要條件。如果領導者只靠冷漠、不苟言笑和責備的方式與員工相處，那麼他永遠都不可能擁有令人折服的領導氣場。其必須透過不斷地累積和磨練來實現，且累積不單單只是數字的相加，磨練也不是沒有「營養」的自我折磨；而是要在累積中提升自己，在磨練中堅定自己。

領導氣場在團隊中是一種凝聚力，能給員工一種安全感。那麼，作為一名領導者，你在掌控這種氣場的時候，應該具備哪些意識呢？

- **大局意識：**領導者作為團隊的核心人物，如果只注重眼前利益而放棄未來發展的機會，那一定不具有領導氣場。
- **服眾意識：**只有讓員工對領導者感到心存敬佩，他們才會對你說的話產生信服，無條件的服從命令；而這要你在工作能力和交際能力上都有過人之處。
- **責任意識：**身為一位團隊的領導者，就意味著你比一般員工肩負著更多的責任和義務。在任何時候，你必須第一時間站出來承擔，讓團隊遇到任何困難的時候，都因為主管的責任意識而富有安全感。
- **公平意識：**如果你打從心底就沒有公平意識，那麼任何事情你都不可能會遵循公平的原則；長此以往，員工會把工作重心放在討好主管，而不是努力工作。
- **友好意識：**雖說領導也是人，也有喜怒哀樂，但如果你把不友善的情緒帶進辦公室，員工可能就此產生恐懼；或許你只是為了嚇住員工，但這樣反而會讓他們是因為畏懼你而賣命，並非真心實意的為你工作。

領導者的氣場不是靠自己吹捧出來的，而是經過團隊成員的認可。領導的氣場其實就是一種說服力，能輕而易舉的讓員工跟著你出生入死；而這種說服力有時候甚至不需要過多的語言，有時只是一個眼神。

當然，除了那些天生就具有領導魅力的人，領導者大多數還是靠後天的努力來擁有這種領導氣場，那麼到底該怎麼做呢？

「才能」是領導的基礎

這裡說的「才能」主要是指你的團隊所負責的業務。試想一下，若一位完全不熟悉產業發展或公司業務的主管發表一段論述，有哪位員工在聽完之後不會暗自嘲諷你這什麼都不懂的主管呢？而團隊的成績就顯現出了員工對你的信服度有多少。比如你的團隊在某項工作中遇到了瓶頸，若你是一位優秀的領導者，你提出一個解決瓶頸的方法，所有員工都會覺得你的建議可行，作為領導是當之無愧的；所有問題都能順利解決，達成團隊的績效。

任何一名員工都不會對庸碌無能的主管感到信服和欽佩，打鐵還需自身硬，唯有你展現出一般員工沒有的能力，他們才會對你產生佩服，領導氣場才能形成。

2 公正是員工信服的準繩

一個團隊必須要有一定的規矩，每個人都遵守才能把整個團隊駛向正軌，而你身為團隊的掌舵人，但手裡拿的要是秤不是舵盤；如果因為領導者喜歡某一個人，而不追究和問責這個人所犯下的錯誤，那麼這個團隊必然會垮掉。又或者因為不喜歡這個人，就忽視他為團隊做出的貢獻或提出的意見，那麼這個團隊也不可能有穩健的發展。

在面對團隊中任何人的錯誤和過失，你必須像正義女神一樣公正無私，不被自己的喜好、他人的背景……等等影響你的判決。

3 品德維護著氣場

在工作中，品德的好壞常常被工作能力的強弱掩蓋掉。而作為領導者，一言一行就像是名人一樣受到大家的關注，任何一個壞習慣都可能讓員工覺得你毫無氣場可言。試想一下，如果某天員工撞見你被一名美女迷得暈頭轉向，雖然你可能什麼都沒做，但他會將你的行為進行天馬行空的臆測，還可能以一傳十、十傳百的速度傳播出去，到時你還有什麼威信可言。

因此，一位品德受到質疑的領導者不可能擁有強大的氣場，因為你不好的那部分會成為氣孔，不斷地把匯聚起來的氣場漏掉。

恩威並施才能修練氣場

領導氣場通常由兩個方面展現在員工面前，一個是威嚴，另一個則是恩情。恩威並施說起來可能很容易，但實際操作起來，尺度拿捏就必須很小心；恩比威容易，說到底就是收買人心的伎倆，但你要做得真誠些。關心員工，在你能力範圍之內儘量給他們一些方便，比如員工家裡有事，可以讓他們比平時早一些回去；又或者在完成一個案子後給大家辦一個慶功宴。這些事情雖然很普通，卻可以收買人心，使員工對你產生愛戴。

至於威，要懂得因人而異，對臉皮薄的人，不可太過直接；而對於那些屢次犯錯的人，就應該要嚴厲一些。總之，領導者身上要同時準備兩張臉——黑臉和白臉，並且依據情況而隨時轉化。

尋求進步的態度

你雖然在某一方面比其他人強，但也要保持積極進取的態度；如果你始終原地踏步，員工們看不到你的進步，對你的期望就會逐漸下降，那麼好不容易建立起來的氣場也會消失殆盡。在團隊中，不僅是要求員工進步，領導者保持進步更為重要，一位不斷進步的主管能夠讓別人感受到他強大的力量，因為他在前進，團隊的未來也才具有無限的可能。

固步自封的人只看得到自己眼前的那片天地；尋求進步的人則不斷發現更多的機會。身為領導者，學習並不代表你的氣場弱，那些不懂裝懂、不願進步的領導者才會將自己變成笑話。

其實領導氣質考驗的不是工作能力，而是做人方式，領導者固然需要威嚴和距離，但這兩樣東西並不是通行證，尤其在今時今日，不僅老闆擁有選擇權，員工同樣也有選擇的權利，若在這個公司不能遇到一個好主管，那麼他可以換另外一家公司，另外尋求追隨的人。

以一位領導者來說，若你能吸引員工努力為團隊工作，並且毫無怨言，這樣的魅力才是真正的領導氣場。雖然現在大大小小的主管很多，但放眼望去，真正具有領導氣場的人又有幾個呢？而他們又能讓團隊走多遠，爬多高呢？

擁有領導氣質不僅是對自己負責，也是對整個團隊負責，讓團隊效率更高，人才的流失率更小。

1-5 當了主管後，可別換了一個腦袋

一般人對於領導者的印象就是動口不動手，只要求員工而不要求自己，一有責任就推卸，一有任務就馬上逃跑；他們或許不佔大多數，但只要團隊剛好是由這樣的主管帶領，那團隊可以說是毫無前景可言。

員工通常希望看到一位身體力行的主管，因為對於他們來說，主管是一種激勵；是一個榜樣；更是一條皮鞭，能從精神上不斷鞭策自己認真工作，嚴格要求自己。

身體力行最可靠

領導者屬於團隊中的高層，所以對於面子、架子方面都有自己的顧慮，但對於團隊的發展和建設來說，領導者的面子屬於個人利益，且是較虛偽的利益；若將團體的利益和自己的個人利益相互比較，什麼是最重要的呢？想必答案是顯而易見。

主管若想做到身體力行，首先要從心理層面改變自己，讓身體力行變成一種習以為常的行為。那應該要有哪些心理準備，才能做到身體力行呢？

- **自己的位置：**從心理上來說，不要把自己當作主管，也不要把自己看的比別人高一層。領導者始終都只是團隊中的一員，之所以能坐上這個位置，是因為你能為這個團隊服務，而不是要讓團隊為你服務，有這樣心態才能讓你坦然。
- **拋棄特權：**在某些團隊中，領導者可能擁有一些特權，比如專車或可以佔用團隊中的一些資源。但你要明白，團隊之所以讓你擁有這些特權，是希望你能夠更用心、更利於為團隊服務，所以非到萬不得已時不要隨便使用這些特權。

- **一視同仁：**公司之所以制訂規章制度，就是為了規範所有人的行為，沒有哪一個規章制度，它會明確說明這條例主管不用遵守。相反地，領導者更要有表率作用，將團隊中的制度、新政策都作為自己的行為標準來執行。
- **不拘小節：**一位主管如果整天計算著自己付出多少，得到多少，那他就不是一位真正的領導者，而像在菜市場買菜的家庭主婦。你要有廣闊的心胸，才能容得下團隊那麼多的成員。
- **自我優先：**這裡的自我優先不是指利益面前的自我優先，而是在困難和問題前自我優先。你要學會承擔，無論團隊遇到什麼問題，先從自己身上找原因，然後想辦法解決，而不是將追究責任放在第一位。

員工想要的是可以跟他們同甘苦、共患難的老闆，試想如果你加班到半夜，而老闆卻在家中柔軟的床上呼呼大睡，怎麼想都會覺得心裡不平衡。那領導者呢？他們想的是：如果什麼都需要自己動手，那我花錢請員工幹什麼；我什麼事都親自操辦的話威嚴何在，我的指示怎麼執行得下去？因此，作為領導者，你既要做到身體力行，又要小心維護自己的威嚴，懂得如何掌握身體力行的分寸是非常重要的。

事必躬親是錯誤

很多領導者都有這樣的誤區，覺得事必躬親就代表身體力行，多小的事情都要親自處理才放心，但這是不明智的。身體力行最終目的是要發揮表率作用，讓員工知道就算是主管也要這樣做，警覺到他也必須這樣要求自己。所以，如果領導者過度糾纏於一些小事，反而會讓員工覺得自己在這個團隊中毫無價值；因此，你應該為員工樹立一個榜樣，但不意味著你要包攬所有的事。

在小事或者員工能力許可的事情上，你應該放手，讓他們獨立完成，再給予適當的稱讚，這才是一個合格的領導者應該做的事情。

2 不要搶別人的工作

團隊中每個人都有自己的工作範圍與職責，除非是有人向你發出呼救，否則不要隨便去幫忙，就算你是主管也一樣，千萬不要任意拿員工的工作來做，若你把工作完成了，反而會讓他們覺得自己沒有存在的價值。團隊講究的是分工合作，大家在工作的時候相互配合，在具體的事項上實現分工，每人負責一部分，這樣才能有效率的將工作完成；如果團隊中的人都不按照分工的模式來工作，就會出現該負責的人不好好工作，不該負責的人卻忙得不可開交的狀況。

但如果員工希望得到主管的幫助時，千萬不要吝嗇，因為這個時候是展現團隊合作的關鍵時刻。而且，如果你不提供幫助，還可能會造成整體工作的延宕。

3 讓自己先做

通常一個團隊要施行新的規範，就該從領導者開始做起，如果你都不能夠做到，那團隊中還有誰會做到呢？規範的訂定針對著團隊中的每個人，包括領導者；若領導者不遵守，這個規範就被打了折扣，無法有效的執行。一個沒有強硬規矩的團隊，會有多少成員能夠嚴謹地按部就班工作呢？

若團隊很多的規章制度都無法有效實行，首先要檢討一下是不是領導者沒有做到？你應該要起到表率的作用，自己先做到，才有資格要求員工做到；身體力行做得到位和徹底，也較能彰顯你管理的決心。

4 不要抱著作秀的心態

任何的付出都要出自真心，如果你想透過作秀般的行為獲得員工信任那是不可能的，員工的眼睛是雪亮的，你不知道自己的行為會在什麼時候被人識破；所以，你應該從內心將身體力行作為一種標準，而不是用來獲取別人信任和支持的工具。

偽裝出來的東西很難持久，被人識破以後會更難獲得大家的認可。所以，身體力行不能是裝出來的，必須靠你扎扎實實的去做、去想；領導者若在員工面前把自己當成一位演員，換來的也只會是他們敷衍的態度。

5 提高自我要求的標準

想要做好身體力行，就要對自己設定嚴格的標準；若要求員工做到八分，那麼你就要做到十二分，如此才能夠激勵員工，促使他們做得更好。而提高自我要求也是對自己負責的一種表現，對自己毫無要求的人是不可能做到身體力行的。雖然你已身為主管，很多事情你都可以交代員工操辦，只要看結果就好；但你也是團隊的領頭羊，所以更應該對自己提出更高的要求和目標，才能夠為團隊做好榜樣。

在任何一個團隊中，員工需要的是一位可以和他們同甘苦共患難，一同分享的老闆；而不是站在一旁指手畫腳，始終不肯行動的人。所以無論是什麼樣的團隊，領導者都應該要把自己的行為標準提高到一個很高的層次，讓自己從實際作為中得到所有成員的支援和信任，這也是成功的主管可以領導眾多優秀員工的根本原因。

走動到員工中間去

團隊領導若想成功地激勵員工，不能光靠嘴巴說，還要有積極的態度和實際的行動，最好能親身到現場，這樣員工會認為你親切且容易接近；走動到員工中間去，還能直接了解他們的工作是否都在軌道上，時程、方向是否都正確沒有出錯；到處走走，經常和員工聊天，能提升每位員工的工作態度。

微軟公司的比爾．蓋茲（Bill Gates）、英特爾的格羅夫（Andy Grove）、惠普的費奧莉娜（Carly Fiorina）和戴爾公司的麥可．戴爾（Michael Dell），這些傳奇人物也都會親身到現場走動，他們經常視察各地區的公司，並且大力推銷和灌輸企業的願景、政策、價值觀給每一位員工，以此來激發員工的工作熱情。

前聯合航空公司的卡爾森最早就是採用「親身視察」和「走動管理」的方式進行管理，還因此讓他成為最佳績效的領導之一。在他接任聯合航空公司總裁前，公司一年虧損五百萬美元，但後來他成功扭轉劣勢，轉虧為盈；由此他總結出一個成功秘訣——走動管理應居首功。卡爾森說：「我一年要跑二十萬英里路，大力推行和實踐『看得見管理』。在我接任聯合航空之後，我也要求手下十五位高階主管將65% 以上的工作時間都花在各地的視察上。」

一位領導要想獲得成功，須先做好以下兩件事情：一是確認團隊的價值體系；二是透過堅持和直接介入來強調價值體系，建立起令人振奮的工作環境。第一點雖不是難事，但要灌輸員工一個價值體系，也絕非易事，這需要領導者鍥而不捨地努力，到處走動和長時間耗費精力去宣導；如果不能配合走動管理，恐怕就要白費工夫了。

走動管理的精髓是與員工保持更密切的接觸和聯繫；走動管理是發揮團隊精神、提升企業效益的法寶，它是能與員工良好溝通的一種方式，也越來越受到歡迎，靈活運用它可以讓你達到事半功倍的領導和管理效果。

有一位雜誌發行人與同業之間討論如何有效管理的訣竅，有很多人都非常贊同他的看法。他說：「主管最好能用 20% 以上的時間到現場走動，主動出面、直接溝通，這會帶來相當大的效應；無論是對工作品質、業績，還是對企業文化、組織氣氛、目標或員工的工作意願、忠誠度都有莫大的影響。自從我在三年前品嚐到走動管理那甜美的果實後，就將此心得和公司各單位的主管分享，他們也相當認同我的作為，並承諾向我學習。現在，我率領所有的主管每天更賣力地實踐。」

走到員工中間，和他們打成一片，是領導者尊重員工的重要表現之一。若想成為一名激勵員工的主管，就必須掌握走動管理的技巧，雖然這是老生常談，但仍值得我們一提再提。

有錯就改，將面子問題拋在一邊

「人非聖賢，孰能無過。」無論是聖賢、君主，還是普通平民，任何人都會犯錯，但「知錯能改，善莫大焉」，每個人都應該坦然面對自己的錯誤，雖然低頭認錯可能需要一些勇氣，但認錯是有益無害的；所以我們應該將身段放軟，敢於承認錯誤，並將其改正過來。讓我們看一下戰國時期的韓昭侯是如何放下面子，虛心改錯。

戰國時期，韓國國君韓昭侯有一個很不好的習慣——他管不住自己的嘴巴，一不小心就會洩露國家機密。因為韓昭侯這個壞習慣，時常讓一些治國大臣左右為難，如果將辛苦策畫的治國方針告訴韓昭侯，他將其洩露後，大家的努力就會白費；如果不告訴韓昭侯，又會觸犯欺君之罪，他們也承擔不起；但如果直言進諫，弄不好又會人頭不保。

正當治國大臣在為此一籌莫展時，堂谿公巧妙地替大家解決了這個難題。

堂谿公是一位有智慧的人，他晉見韓昭侯後，二人聊了起來，在談得投機的時候，堂谿公問：「玉是非常珍貴的寶物，如果用它做成一只無底的酒器，請問大王，這只酒器能否盛水？」

韓昭侯不假思索地回答道：「不能。」

堂谿公接著又問：「而瓦製的罐子非常廉價，扔在一旁說不定都沒人要。那請問大王，它能否盛酒？」

韓昭侯毫不猶豫地回答：「當然可以。」

聽到韓昭侯不假思索的回答後，堂谿公順勢將談話帶入正題：「大王回答得非常正確，事實正是如此。不值錢的瓦罐雖然卑劣，但能夠盛酒，原因在於它不漏；價值連城的玉製酒器雖然昂貴，卻不可以盛水，更不能盛香醇的美酒，原因在於它會漏。」

「其實，做人也是這個道理。一位不會保守秘密的國君，就如同無底的玉製酒器，他除了把一些無關緊要的事情告知天下外，還會不經意地將大臣們煞費苦心所制訂出來的治國方針一併洩露出去，導致國家的法令或政策延遲頒布甚至不能夠施行。」

聽了這番話後，韓昭侯馬上明白堂谿公的用意，非但沒有責怪堂谿公，還稱讚了他，並表示一定會改正這個壞毛病。

韓昭侯說到做到，在接下來的日子裡，他不僅說話小心，就連行動也變得謹慎起來，生怕自己的言行出了差錯，影響到大臣們的工作。

每個人都會犯錯，但犯錯並不可怕，可怕的是不願承認錯誤，不知悔改。領導者犯了錯誤，更應該主動承認並及時改正，特別是在錯怪員工的情況下；如果你犯了錯誤卻不肯認錯、改正，未來當員工犯了同樣的錯誤時，你就很難令其改正，從而喪失威信。

現在有些主管做錯事後，不願意主動認錯，因為他們認為，向員工認錯是一件有損形象的事情。其實，你大可不必抱有這種想法，認錯不僅不會影響你的形象，反而能夠表現出你的威信；相反地，若不肯認錯、知錯不改才會帶來不良影響。

Chapter 2

知人善任，讓你的團隊備齊最好的人才

「一個人力量是軟弱無力的，就像漂流的魯濱遜一樣；只有同別人一起，他才能完成許多事業。」

——哲學家　阿圖爾．叔本華

Raise your **leadership** and make **your team** be **better.**

2-1 慧眼識英雄，找出最適合你的精兵良將

沒有成員就不會有團隊的存在，更不用談團隊管理。在選人時，一旦領導者做出錯誤的決定，就很難理順員工與工作之間的關係，最終難以管好整個團隊。

選人是團隊建設與管理的起點

選錯人的成本不僅只有刊登徵才廣告的費用、找人的時間、考察人員使用的道具以及物資，還包括已經付出的薪酬、資遣費和重新徵才的費用、時間等；而這些都還不算是全部成本，那無法用數字估算的成本高到可能令團隊和公司難以承受，比如員工之間要重新磨合、教育訓練的開銷、組織的崩潰、客戶的丟失、戰略的變形、痛失機會和士氣低落等隱性成本。

如果你無法忽視這些成本，那麼找人時你就要反覆考慮，多方比較；而選人失誤，首要做的事情就是儘快調整，將損失降到最低。

倉促和冒險是選人的大忌，別被工作期限、職位空缺以及情緒焦慮等因素所困擾，因而讓華而不實的履歷和推薦信蒙蔽了你的雙眼，被一大堆證書影響你的看法；職位的重要性和徵人所用的時間與精力要成正比，背景調查、面談、考試等都是不可或缺的環節。

優秀的企業會有一整套人才招募的辦法，制訂招募的程序並設計各種題目測驗，也可能會電訪應徵者原來任職的公司查證，或是透過團體遊戲從中挑選適合的人才……而這些方式皆透露出兩個特點——慎重與全面。

著名的思科系統公司，對應徵者從來都是嚴格把關，招募的流程是先挑選履歷，然後人事部再安排時間與應徵者面談，一名應徵者若想進入思科工作，最少要跟五位主管進行面談，且任何職位都需要經過這個過程，從而保證對人才的全面瞭解和各方面的認同。

沒有傑出的人才就無法建立出色的團隊，沒有出色的團隊就無法組成一間成功的企業，這點毋庸置疑；但又有多少企業在求才時，會像開發電腦系統一樣嚴謹仔細呢？也正因為如此，出色的企業才寥寥無幾。

美國加州工業心理學家戴維森說：「求才費些勁，管理就容易。」所以，若想建立一支優秀的團隊，在競爭中取得勝利，就要不惜花費精力和時間在選人上面，以便找到自己真正需要的人才。

選擇團隊真正需要的人「入隊」

組織成功團隊的第一步，就是要懂得選出符合團隊需要的人才。領導者是團隊入口的看守者，想要什麼樣的人進來，你必須心裡有數，選好團隊成員，對於一個團隊而言是最重要的。

選人是一門藝術，很多時候你憑的可能是一種直覺，只要認定一個人具有勝任某項工作的潛力，就願意給他一個機會；當然，這種感覺要以一定的選拔標準為基礎。所以，有時候你不妨多相信自己的感覺，給對的人一個實現自我的機會，找到意想不到的人才。

要想擁有團隊真正需要的人才，你就必須將「入口」看守好。用具體的比喻來說：團隊就如同一輛車，在開往終點前會不斷有人上、下車，若想順利到達目的地，我們得保證有一群真正需要的人在車上。所以，團隊若想順利地實現目標，就必須確保「入隊」的人是團隊真正需要的。那麼，怎樣的人才是團隊真正需要的人呢？

身體健康

身體健康的人做起事來精神煥發，對前途樂觀，並能承擔較重的責任，而不至於因為精神和體力無法負荷造成工作延誤。

2 目標明確

應徵者為自己確立了具體實際的個人目標，且個人目標、價值觀與團隊目標及價值觀一致。

3 具有合作意識

一個人的力量是有限的，只有自己的智慧與其他人的智慧結合起來，才能共同解決遇到的困難，實現團隊的目標。一名擁有良好合作精神的員工，才能真正承擔起工作責任，做好自己的工作。

4 具有敬業精神

高效團隊需要具有高度敬業精神的員工入隊。有敬業精神的人樂觀開朗、積極進取，願意花費較多的時間在工作上，且具有無堅不摧的毅力和恆心。有這麼一句話形容英雄人物：革命樂觀主義的精神。

仔細分析這樣的人，的確很了不起。革命，展現出他對事業的執著，是一種高度負責的工作態度；樂觀主義，則代表他對目標永遠充滿希望，對眼前的困難「不屑一顧」，總是信心滿滿地迎接工作挑戰。在現今商場如戰場的時代，團隊成員就是需要這種精神。

5 具有創新觀念

現今的科技日新月異，職場競爭猶如逆水行舟，不進則退。因此，團隊與企業的成長和發展，關鍵在於創新，而企業與團隊的創新，則是由團隊成員是否具有創新觀念來決定。新觀念是促進新陳代謝的新血液，只有新觀念和新思潮的有效結合，才能促進團隊與企業進一步的發展。

6 具有求知欲望

現今新知識、新觀念層出不窮，所以團隊中的每個人都要不斷充實自己，持續地學習新知識，力求有所突破。如果員工們故步自封、不思進取，不作進一步拓展，就會阻礙團隊、企業成長的腳步。

7 堅守職業操守

人再有學識、再有能力，倘若在品行操守上不能把持住分寸，一樣會對團隊和企業造成莫大的傷害。孔子早在兩千多年前就把人才的素質概括為「德、智、體」三個面向，並且把德放在首要地位。一般人們都有這種想法：品德不好的人，即便能力再強，也只能成為國家和社會的禍害。

第二次世界大戰的罪魁禍首希特勒，其口才、判斷力、毅力等都遠遠高於普通人，但因為他與眾不同的本性，他的才華並沒有為世界帶來美好的價值與貢獻，反而犯下無數令人髮指的罪行；可見，品行對一個人來說多麼重要。且思想品德包括一個人的愛國精神、責任感、正義感等不同的性格特點，所以評價一個人時，德必須是首要考慮的因素；一位沒有品德的人，絕對不會在團隊、企業面臨危難之際與其他員工共患難。

8 能適應環境

領導者在選擇人才時，應當注重其適應環境的能力，避免選用個性極端的人，因為他們較難與別人和睦相處，甚至影響到團隊的氣氛。通常，善於與人交際、工作能力強、有責任心、樂於幫助別人、做事堅決、有恆心並時刻保持樂觀的人，能很快地適應各式各樣的環境。

9 善於與人溝通

應徵者要能夠表達自己的想法，順利地與人溝通，讓對方接受自己的意見，也樂於接受其他人的意見。

10 不斷充實自我

應徵者要能夠有計劃、有系統地提高和拓展自己的知識結構、容量和工作技能。

11 具有領導才能

企業需要各種不同的人才為其工作，但在選擇人才時，必須要求他具備一定的組織領導能力和親和力。

12 表達能力強

領導者通常都有一個很明顯的特點，他們敢於走出辦公室而且能夠自在地與人談吐交流。這乍看起來可能沒有什麼，但交流往往是個人能力和才華最直接的展示；口才，是表現出個人才華最有效的工具，所以應當選擇表達能力強的人，也利於團隊溝通。

13 人際關係良好

這是一項很抽象的能力，種種跡象表明，擁有良好的人際關係，有益於提升成功的機會。良好的人際關係並不是一個圓滑的「牆頭草」隨便都能做到的，它必須將信任誠懇作為彼此的紐帶，他人才會向你敞開心扉。

以上十三條是針對團隊人才應具備的基本素質分析，根據團隊部份特定的職位而言，會有一些其他的特質是不可缺少的。

例如：你的團隊需要一名網路客服人員，那麼你所考慮的人才就必須具備連續作戰的本領，能長時間對著電腦工作；當你需要一個地區業務經理時，應徵者則必須堅毅果敢並具有個人獨特的魅力等。

對於挑選團隊成員，知名企管顧問與暢銷書作家李曼博士（Kevin Leman）還提出了 SHAPE 原則：

- **Strengths（長處）**：要瞭解團隊成員的長處，這樣才能將他放在最能發揮長才的位置。
- **Heart（用心）**：長處代表一個人的能力，而用心與否，則顯示出他對工作的熱情與幹勁；如果員工不用心，即使擺在正確位置也很難發揮他的優勢。
- **Attitude（態度）**：如果必須在態度與能力之間做選擇的話，那你應該選擇態度。能力強但態度差的成員，只會給其他人帶來負面影響，甚至扯團隊的後腿。
- **Personality（個性）**：每個人都有自己獨特的個性，應該視其個性特點安排適合他的工作位置。
- **Experiences（經驗）**：這裡指的並非是單一的經驗，而是多方面的經驗，每個人都是他們以往人生經驗的綜合產物，因此要瞭解一個人，將他放在合適的位置上，你就要參考、取決於他過去的經驗。

無論如何，才德兼備的人通常最受大家的喜愛、尊敬和推崇，因為他們對下既能辦事又能處理好關係；對上忠心耿耿、不謀私利，讓人放心，員工敬服，上級信任。若能結識到這樣的人才確實是萬幸，用到這樣的人才更是領導者之福。古今中外，許多領導者都選用那些才德兼備的人才，並予以重任，而他們也都不負所托，盡職盡責，做出極大貢獻。

唐太宗就是堅持德才兼備的用人標準而成功。貞觀元年，他對杜正倫說：「朕命令舉行能之人，非朕獨私於行能者，以其能行為百姓也。」貞觀十三年，他又提出：「能安天下者，唯在用得賢才。」可見唐太宗的納才一向嚴守唯賢唯德的原則。「貞觀之治」從某種意義上說，就是一種求賢政治，即把賢德之人都納入宮中，並委以重任，既可以勵精圖治，又可以樹立良好的宮廷風氣，還能清除不良的陳規陋習。唐太宗可謂對症下藥，透過納賢能之才整飭了宮廷風氣。

可見，任用德才兼備的人才是領導者治理有成的法寶。當你在選擇人才時，一定要選德才兼備的人，切勿重德輕才或重才輕德。

總而言之，不管採用什麼方式，我們都必須將人力資源與團隊的需求結合起來挑選人才，明確知道團隊缺少什麼樣的角色、什麼樣的人，才能與團隊現有成員的能力和經驗互補，瞭解候選人擅長什麼、欠缺什麼，進而從各方面確保「入隊」的人是團隊真正需要的人才。

注重人才的能力而不是學歷

有這樣一句話：「滿瓶子不響，半瓶子響叮噹。」意思是說真正有能力的人往往不會過於高調，而那些恨不得讓全世界都認識的人反而沒有多少才能。這句話也適用於招募人才上，很多企業在招募的時候，主要的衡量標準就是學歷，若應徵者達不到學歷要求就會被拒之門外。他們的理由很簡單：你說你有能力，但我又看不到，只有學歷是白紙黑字，能夠看得清清楚楚。其實，學歷也只能證明一個人受教育的程度，並不能代表他有多好的工作能力。所以，領導者在應徵時，千萬不能重學歷而輕能力，那樣可能導致你找不到真正的人才。

不可否認，學歷高的人，在文化水準上固然占一些優勢。但學歷並不代表能力，高分低能的學生、高學歷的庸才比比皆是。因此，很多成功的領導者在用人時，漸漸只看能力不重學歷。SONY 公司的創始人盛田昭夫就是一位只看能力不重學歷的領導者代表。

第二次世界大戰結束後，日本的盛田昭夫和井深大經過幾十年的艱苦奮鬥之後，終於建立了 SONY 公司，並在苦心經營下成為世界知名的大企業。以前，有很多人曾經調查和研究過 SONY 公司成功的祕訣，因此，盛田昭夫在自己的管理經驗著作《讓學歷見鬼去吧》裡提到：「我想把 SONY 公司內部所有的人事檔案全部燒毀，以杜絕公司內部對學歷上的任何歧視。」而這正是 SONY 公司成功的關鍵。

SONY 公司在人才任用上，始終堅持著這樣的宗旨：唯才是用，而不是憑學歷而已。尤其是對科技人員和管理人員，SONY 公司更注重他們實際的才能，學歷只不過是一個次要的參考因素。更何況，SONY 公司在任用員工之前，無論職務高低，都必須經過嚴格的考試；而分配工作或晉升職位時，主要參考員工的考試成績和工作中的能力表現。這樣，學歷對人才的限制就會降到最低限度。

SONY 公司有近兩萬名員工，其中技術人員就多達四千多人，而這四千多人中有將近一半沒有取得高學歷，很多人甚至小學都沒畢業，但 SONY 公司的用人政策，反而給予他們一個能施展才華的舞台。

正因為能夠拋開文憑對人才的限制，不拘一格地選拔人才，SONY 才能組織起一支龐大的技術和管理人員隊伍，不斷吸引更多的優秀人才加入，研製出無數暢銷全球的電子產品。

總之，員工需要具備知識和才能，但一紙文憑並不能當作人才的依據。就像以色列著名企業家凱奇所說：「短短幾年的大學教育和考試，絕不應該由此來決定一個人終身的命運，企業要任人唯賢，平等地為員工創造脫穎而出的機會，即使有些員工根本沒有進過學校的殿堂，也要讓他們能平等地參與競爭，而不是在觀念上有厚此薄彼的看法。」

由此可知，領導者在選人用人的時候應該用正確的眼光去發現人才，充分發揮人才的作用，千萬別被一紙文憑遮住了雙眼。

有一位住在偏遠山區的小女生到城市裡打工，由於沒有什麼學歷，所以她選擇了餐廳服務生這份工作。在常人看來，這是一份不需要技能，只要招待好客人的工作，從事這個工作的人有很多，但很少會有人認真投入這份工作，因為這實在沒什麼好投入的。

但這位小女生恰恰相反，她一開始就對工作表現出極大的熱情，並徹底將自己投入其中。一段時間後，她不但與常客很熟識，還了解他們各自喜愛的口味，每次他們來用餐，她就會千方百計地讓他們開心用餐，總是能讓每桌顧客多點一至二道菜，心滿意足地離去。不但贏得每位顧客的稱讚，也替餐廳增加收益；而且其他服務生一次只能顧到一桌客人，她卻能獨自負責好幾桌的客人。

當老闆看出其才能，準備提拔她做外場主管的時候，她卻婉拒了晉升的機會。原來，某位投資餐飲業的顧客看中了她的才幹，準備投資與她合作開店，資金完全由對方投入，她只要負責管理和員工培訓，而且她還能獲得新店 25% 的股份。

現在，這名小女生已經成為一家大型餐飲集團的老闆。

2-2 沒有不好的人才，只有與你適不適合

在廣大的人力市場中，人才濟濟，不乏無後起之秀，但在成群的人才之中，又該如何去選擇、如何去考慮？每個人都有自己的特長，或許你會說他的能力不夠好，但其實並不全然是能力問題，而是員工目前的職位是否能發揮他的特點，又適不適合、符不符合主管所期待？

 對於新員工，首先是甄選而不是教育訓練

在楊思卓所著的《卓越領導力的六項訓練》中有這樣一個發人深省的「選人」案例：卡裡是 BV 航空公司（藍色全景航空公司，簡稱 BV）的勤務組長，曾連續幾年獲得公司授予「管理標兵」的稱號。專家還特別記錄了他向三名員工分配任務時的情景：

卡裡首先對大家說：「發動機專案明天開工，三間操作室需要徹底打掃。」緊接著他對三位員工分別提出了具體要求：「凱麗，妳負責一號操作室，越快越好，打掃完回來見我。好，妳現在可以去了。」「艾倫，你負責三號操作室，要特別注意玻璃和地板的清潔，一小時內完成任務。好，你也可以離開了。」「勞斯，你負責七號操作室，也是特別注意玻璃和地板。你來看，玻璃要沒有浮水印，地板要擦到這樣的程度。現在是二點，三點三十分我去驗收。」

從卡裡分配任務的過程中，我們不難看出他對任務的說明是有層次的：首先，他給員工一個明確的總目標——發動機專案明天開工，三間操作室需要徹底打掃。其次，他將每位員工的任務分配清楚，並針對不同的員工提出

不同的要求。

緊接著，有人提出問題：卡裡為什麼會這麼做呢？大部分的經理人或領導者是這樣分析的：一是這三名員工的能力不同；二是三間操作室的要求不一樣。但從他給大家分配的任務總目標來看，三間操作室都要徹底打掃，清潔的標準也是一樣的，因此可以排除第二種分析。那麼，只剩下員工能力不同這一個選項了，管理要因人而異，細節的要求自然就不一樣。所以有 70% 的經理人和領導者又作出下列分析：凱麗一定是名老員工，所以不需要主管多說；艾倫在該公司待的時間可能稍短於凱麗，所以要說得具體一點；而勞斯可能是一位新進員工，所以必須告訴他打掃的細節。

然而，專家在採訪卡裡的時候，他的回答卻出乎所有人意料之外：「分配任務時，我考慮到每位員工的能力和經驗，艾倫的資歷和經驗稍微多一點，勞斯來了兩個多月，資歷和經驗要少一些，但凱麗卻完全不是大家所想的老員工，她今天是第一天上班，才剛進入試用期。」

專家很好奇地問：「既然是新員工，那你為什麼不告訴她該怎麼做呢？」

卡裡回答說：「現在還沒到培訓階段。我現在的任務應該是甄選，我之所以不告訴她就是為了測試她，看看她如何理解三間操作室需要徹底打掃這項指示，如何解讀得既快又好，而她又會拿出一個怎樣的標準來執行。如果她連最基本的標準都達不到，我會立刻把她退回人事部，因為我不訓練資質太差的人。如果資質不夠，我會辨別能不能教育，如果不能，我會馬上將她退回人事部。所以，我首先要做的是甄選，而不是訓練。」

透過這個案例，能讓你得到什麼啟示？將人才招募進公司後，第二天就展開教育訓練是否合理？很多時候，主管會覺得某位員工並不符合職位的要求，但為了能順利完成工作任務，他們不得不花費精力去訓練這名員工；而培養了一年，甚至更久，最後卻發現該員工的工作能力還是不符合此職務的要求。

以服務業為例，很多人天生不適合從事服務業。所以在選擇員工時，你要考慮一個很重要的素質，那就是親和力，如果這個人天生就沒有親和力，整天板著臉，不願意和客戶打交道，甚至不願意和他人相處，那麼他就適合去從事一份比較嚴肅的職業，比如法官改去從事服務人員就絕對不合適。當然，企業也可以透過後天訓練讓其達到要求，但長久下來，公司就要付出過多的人力成本。正如訓練動物游泳一樣，人們會選擇小鴨，而不去選擇小雞，因為小鴨的訓練成本不僅低得多，成效也要好得多。

對於團隊來說，選人遠比訓練要重要得多。訓練不是對所有人都有效的靈丹妙藥，不是所有人都適合被訓練，正如並不是所有球員都能踢世界盃一樣。如果你選擇了不適任、沒有潛力的員工，就算再怎麼流汗、流淚，甚至流血，到最後你可能仍是失望。因此，要成就人才，第一應該是選擇，如果在選人環節就出現了問題，就不能指望靠訓練來解決。

執行團隊訓練前，選對人遠比花費大力氣培養人重要得多。千萬不要為了完成任務，就草率地把不合適的人招募進來，這樣會浪費大量的教育訓練成本和人力成本。

透過日常談話發現為己所用的人才

常言道，言為心聲，瞭解員工最直接的方法就是和他交談。平時，主管要多接觸員工，多與他們交談，有意地詢問一些你關心和你想知道的問題，從言談中初步判斷他們的觀念、品性與才學。

目光遠大的人可以共謀大事

可以試著詢問員工「公司應該向何處發展」、「你對自己有什麼打算」……等問題，如果發現員工不滿於現狀，有遠大理想，有不同尋常的發展眼光，且想法也不空泛，那他可能會是一個值得重用的人，可以提拔重用，讓他成為共謀大事的夥伴。

2 善於傾聽的人能擔大任

善於傾聽別人談話，並能夠抓住對方的本意，領會其要點，回答問題時言簡意賅的人能擔當大任，因為他們善解人意。

善於傾聽是一種修養，這種能力要經過長期的鍛鍊才能形成；同時，這種人一定也有謙遜的品德、隨和的個性，具有領導和管理的天賦。一般來說，三言兩語就切中問題要害的人，往往是思維縝密、周詳而又果斷的人。他們對事物體察入微，而且客觀全面，做出的決定也實際可靠，能擔當重任之人；正所謂「真人不露相，露相非真人」，重用他們，公司業務擴展的成果一定會是實實在在的。

「膽小」心細的人比輕易許諾的人更可靠

在分派任務時，有的員工常說「我擔心……」、「萬一……」之類的話，聽起來會給人一種膽小怕事的感覺。其實不然，他們的思慮往往較為縝密，能夠居安思危，考慮到各種可能發生的情況和結果；同時他們也善於自我反省，明白自己的行為及其可能出現的結果，是有責任感的表現。由於他們對工作中所遇到的困難和可能出現的問題能夠提前思考，所以工作時就會有條不紊，越做越好。對於這樣的員工，主管應當給他們加壓、委以重任。

而經常輕鬆地說「肯定是……」、「就這麼回事」、「一定成」、「沒問題」……等諸如此話的員工，雖然能給主管爽快能幹的感覺。但事實上，妄下斷言、輕易承諾的人是靠不住的。輕易斷定表現他工作草率，不具備發現問題的能力；而輕易承諾則是缺乏承諾的誠意與能力的一種表現。

好誇耀的人不能重用

這種人爭強好勝，喜歡在別人面前誇耀自己，有點小功勞就沾沾自喜，不時向主管邀功，且這種喜歡居功自傲的人常常是誇誇其談，實際可能沒有任何作為。

有人通學各門各類的知識，泛泛而論，有時也有些道理，似乎是博學多才的人，但如果博而不精，未免有欺人耳目之嫌。因此對於那些具備某種證書的員工，應該謹慎觀察他是通學還是博學多才的人。通學者，善於吸收別人的精華，自己沒有獨到的見解和思想，對知識的掌握還侷限在理解階段；而博學多才者，學問精通，見多識廣，但往往不露聲色，甘於在平淡中默默付出。他們聰明絕頂、博學多才，卻不過於炫耀自己，更善於把握來自對方的資訊，思考目前的各種情況，並能立即領會對方的意圖；用詞準確，辭能達意，溝通能力良好，善於處理各種人際關係；思維靈活，不拘泥於一格，好於創造新的事物，構思新的框架；眼光犀利，善於洞察先機，迅速把握有利時機，隨機應變。一言以蔽之，真正博學多才的人，並不急於表現自己，而是洞察對方，見機行事。

與人交談時，常有人會把「我」字放在前面，不顧對方的心情與感受，暢談自己的看法，炫耀自己的學識，顯示自己的才幹，似有懷才不遇之感。對於這種自命不凡的人，儘管他有些長才，但也不能放心大膽地任用。這種人自以為是，認為自己什麼都懂，恰恰容易突顯出他們的無知。且他們通常有誇誇其談的心態，經常不顧領導者的想法，按照自己的意思去做，認為這才是個人價值的體現。

5 華而不實、言之無物的人不能使用

華而不實者，口齒伶俐、能言善道、口若懸河、滔滔不絕，很容易給人留下良好的印象，你或許能將他當作一位知識豐富、表達力強、善於交往、能拓展業務的人才看待。但千萬不要被外表所迷惑，你要分辨對方是否為華而不實的人；華而不實的人，善於說談，談古論今頭頭是道，而且會將許多理論掛在嘴上，迷惑那些辨別力差、知識不豐富的人。觀察這種人，與其談話時要多問一些具體的問題，給予具體的任務，讓他找出對策，試辦具體的工作，若他談話、做事避實就虛，圓滑應對，就說明他是華而不實者。這種人當副手尚可，但絕不能讓他獨當一面。

6 不承認他人長處的人不可信

在透過某一員工來瞭解其他員工的情況，或者當著他的面表揚另一不在場的員工時，如果這名員工不承認他人的長處，拐彎抹角地揭露別人的短處，對主管的表揚感到心裡不服氣，那麼此人是不可信的。這種情況明顯表現出他看不到別人的長處，或是他妒忌心甚強，擔心其他同事超過自己；無論是哪種原因，此人都是不可信的。

善用對手的人才

人才是企業的一種戰略性資源。與其他資源不同，人才的得失往往決定著企業的成敗。尤其是現今這個競爭激烈的社會，企業的競爭從某種意義上來說，就是人才的競爭，如果企業在人力資源上勝過對手，那麼便會成為競爭較有優勢的一方。但如果企業不善於使用手中的人才，甚至被對手挖走人才，這將是企業存活與競爭致命的威脅。

美國企業家比爾．休利特（Bill Hewlett）說：「沒有什麼比自己的人才成為對方手中的武器更讓人害怕的事了。」

休利特非常注重人才的使用與流動，他認為人才是企業最珍貴的資產，尤其是同業中的優秀人才，更是企業難得的寶藏。那些優秀人才不但有企業所需的才能，還可以從他們身上瞭解到對手的資訊。所以，聰明的領導者都善於從對手挖掘人才。

思科公司曾透過多種途徑聘請戈拉曼飛機公司的首席工程師瑞克斯，但都沒有成功，讓總裁佩恩有些心浮氣躁。瑞克斯是一位非常難得的人才，他曾兩度被戈拉曼飛機公司評選為最佳員工，也是公司幾個重大項目的負責人。於是，佩恩打算親自拜訪瑞克斯，邀請他加入思科公司。

佩恩是個聰明人，雖然他非常渴望瑞克斯能進入思科，但他在交談時卻意外表現得很冷靜，一點心急的感覺都沒有，反而「兜起圈子」。

「瑞克斯，有一間出版公司出版了一本關於思科的書，我想你一定會感興趣。我若送你那本書，你有時間讀嗎？」

……

一個月之後，瑞克斯致電給他：「佩恩，書中的那些故事都是真的嗎？」

「當然，我沒有必要騙你。」

「我真不敢相信那些都是真的，如果真是如此，那思科對任何人來說，都是最理想的公司了。」

「那你要來我們這裡看一看嗎？」

終於，瑞克斯按捺不住了，他來到了思科公司參觀，佩恩很榮幸地「請」來這位心中欽佩已久的工程師。經過一段時間的溝通和協議，瑞克斯決定留在思科，佩恩也安排一個部門主管的職位給瑞克斯。而戈拉曼飛機公司由於瑞克斯的離去，一時找不到合適的人選來代替他，承受了巨大的損失。

還有一種情況是，優秀員工因為某種原因想離開原來的公司，領導者若能抓準時機，將他們納入自己的麾下收為己用，替公司網羅同業中的優秀人才，藉此壯大團隊、公司的實力。

有些領導者可能會片面地認為，對手不要的人，肯定是能力欠缺，我們公司也不比對方差，我為什麼要把他們「撿」回來用呢？其實不然，人才不分地域、無關身份，對手不用的人，未必就不是人才，況且離開一家企業有很多種可能的因素，不一定是因為能力不足。

因此，休利特特別提醒領導者們：「一定要善於利用人才，否則就不只是浪費人才那麼簡單的事情了。」

1970 年，李·艾柯卡（Lee Iacocca）在亨利·福特（Henry Ford）的幫助下當上福特公司的總裁。但上任不久，艾柯卡就發現福特實在是一位很難應付的人。比如福特曾要求艾柯卡強行解雇一位高階主管，這著實讓艾柯卡頭疼了好一陣子，而且在艾柯卡領導的過程中，福特總喜歡與他唱反調，讓他處處充滿難題。

1978 年 7 月 13 日，福特對外宣佈解雇艾柯卡。同年 11 月 2 日的《底特律自由報》刊載了兩條重大新聞：「克萊斯勒遭到空前嚴重的虧損」與「李·艾柯卡正式加盟克萊斯勒」。

艾柯卡加盟克萊斯勒後，憑藉自己出眾的經營天賦，很快就讓克萊斯勒公司看到了新的希望，並在 1983 年 7 月 13 日，即五年前福特解雇他的日子，艾柯卡對外宣佈要為克萊斯勒償還所有債務。

第二年，他便讓公司轉虧為盈，成為克萊斯勒名副其實的救星。而在艾柯卡任職於克萊斯勒的期間，福特公司卻遭逢破產危機。

同樣都是艾柯卡，福特公司缺少他後，公司很快陷入困境中；克萊斯勒公司卻能起死回生。人才是重要的，而懂得善用對手的人才更為重要。

2-3 團隊＝小型社會，考慮各種不同類型的人

團隊就等同於一個小型自治社會，團隊或大或小，都會遇到各式形形色色的人；而身為領導的你，就要從各種不同類型的人當中進行思考，不能因為這名員工的觀感或績效不佳，便施予他一張離場的紅牌。你要觀察且針對其特別之處，根據各種不同的考量與評斷來做出最適合的安排，或許還能碰撞出意外的火花，為團隊帶來不一樣的展望。

挑選不同角色類型的團隊成員

越來越多的實例證明，團隊內部的角色衝突和不合理搭配，是導致團隊整體績效不佳最主要的原因。只有團隊擁有各種不同的角色，才能發揮最大的互補效應，打造出完美的高效團隊。

那麼，團隊一般是由哪些角色組成的呢？他們各自起著什麼作用呢？從團隊成員性格和行為的角度來說，大致可將團隊成員分成下面九種類型。

1 實幹者

實幹者表現較為保守、順從、務實可靠，有組織能力、實踐經驗，工作勤奮，有自我約束力。但他們通常缺乏靈活性，對沒有把握的事情不感興趣，容易阻礙團隊變革。

他們不是根據個人興趣和衝動來行事，而是配合團隊的需要，來完成工作任務。由於其可靠、高效率，且工作能力強，所以在團隊中的作用很大。

2 協調者

協調者沉著、自信，有控制局面的能力，對各種意見都能不偏頗的兼容

並蓄，而且他們處理問題時比較客觀。在智慧以及創造力方面雖沒有很優秀，但卻能引導不同技能和個性的人朝著共同的目標努力；他們除權威之外，更有一種個性的感召力，能夠很快地發現每位成員的優勢，並在實現目標的過程中妥善運用。

推進者

推進者思維敏捷、清晰，能主動探索，有幹勁，隨時準備向傳統、低效率發起挑戰。但他們個性通常較衝動、易急躁，容易激起爭端。這種人可以用來尋找和發現團隊可以採用的方案，推動團隊成員達成一致共識，順利完成行動。

智多星

這類型的人有個性、知識面廣、才華洋溢、富有想像力、創造力，思想深刻；有時做事不重細節，不拘禮儀，但他們往往能為團隊提供建議，也容易成為新產品的研發者。

5 外交家

這類型的人性格外向、為人熱情、好奇心強，消息靈通，有廣泛聯繫他人的能力，他們對外界環境十分敏感，通常最早感受到變化，但常常喜新厭舊。他們適合做外部聯繫和持續性的談判工作，在談判的過程中，他們可以隨時洞悉對方的底牌、條件籌碼、優點、漏洞……等，從而確定從何處著手；他們還可以做調查團隊內外的意見，調查某件事情的進展等工作。

6 監督者

監督者一般思緒清晰、理智、謹慎，判斷力強，分辨力也很強，講求實際。他們不太容易情緒化，跟同事之間常保持著一定的距離；他們富有強烈的批判性，凡事都要找出一點兒問題；他們作決定的時候非常謹慎，總是瞻前顧後，綜合考慮各方面的因素，力求不出錯。但這種人缺乏鼓舞和激勵他人的能力，也不容易被別人鼓舞和激勵。

監督者善於分析和評價、權衡利弊，直至選定方案。有很多監督者在團隊中處於戰略性位置，因為他們在關鍵性的決策上很少出錯。

7 凝聚者

凝聚者合作性強、性情溫和且心思敏銳，是團隊最積極的成員之一。他們善於與人打交道，善解人意，而且懂得主動關心他人，處事靈活，很容易融入團隊之中，對任何人都沒有威脅性，是團隊中較受歡迎的人。但在危急時刻，他們往往優柔寡斷，無法做出決定。

凝聚者在團隊中就是很能發揮作用的人，他們的社交和理解能力都是化解矛盾和衝突的資本。有凝聚者在的時候，工作總能協調得更好，團隊的士氣也會更高漲，他們可以說是團隊的潤滑劑。

8 完美主義者

完美主義者通常性格內向，工作動力往往源自於內心的渴望，不需要外界刺激就能自動自發地完成。他們擁有一種持之以恆的毅力，做事非常注重細節，力求完美，追求卓越但又很實際，從不打無把握之仗，只有具備十二萬分的把握時才會說：「這事我們可以執行了。」他們對工作的要求很高，對同事也是如此，所以跟他們一起工作可能會覺得很辛苦。完美主義者總是擔心別人在完成任務時，達不到他們所期望的結果，喜歡事必躬親，通常不願意放手。而且他們無法忍受做事隨便的人，很難跟這樣的同事在一起合作。

完美主義者在團隊中有著重要的作用。在執行重要、高難度或高準確性的任務時，他們會按照時間表完成任務，留意進度；而在管理方面，他們崇尚標準、注重準確、關注細節，能夠堅持不懈，比別人更勝一籌。

技術專家

技術專家對團隊的工作主動性很強，甘心奉獻，他們為自己所擁有的專業和技能感到自豪。他們的工作就是要維護和保證一定的標準，而不能降低這個標準，常常陶醉在自己的任務中，對別人的事一般不太感興趣。因此，他們容易侷限於狹窄的領域，專注於技術而忽略整個大局。

技術專家在團隊中是不可或缺的，他們為團隊的產品和服務提供專業的支援，由於他們的專業知識比其他人深厚，所以在工作中，他們時常要求別人能夠服從和給予支持；但他們缺乏遠見和管理方面的經驗，不能勝任中高層的主管。

透過以上介紹和分析我們可以看到，團隊基本包含著九種類型的角色，各自在團隊中起著不同的作用，沒有任何一種角色是不必要、沒有用的。當團隊中同一種角色類型的成員較多，而缺乏其他類型的成員時，領導者就要根據團隊實際的需要，進行內部人員合理的調動。

做好人才儲備工作

什麼時候招募員工？「缺了就招吧。」這是很多人事主管的回答。這個觀點對不對呢？在回答這個問題之前，我們先來回答另外一個問題。

「你什麼時候去吃飯？」

一般人通常會回答：「沒有急事需要處理的話，用餐時間到了就去吃吧。」

「那如果工作忙起來，大概都什麼時候吃飯？」

「工作忙起來，吃飯就沒那麼規律了，而且時間久了還容易有胃病，胃不好，身體肯定也會不好。」

這就是問題所在，人如果很餓的時候才吃飯，這時補充能量就已經晚了。企業招募也是如此，平時不做人才儲備，等位置空出來才匆忙招人，這時企業早已「餓暈」了。從健康的角度來說，人吃飯要有規律；而對於企業來說，儲備一些人才，讓團隊隨時有一支機動部隊、預備軍能夠運用，也是非常必要的，這樣才不會輕易使企業陷入被動。

我們都知道，人在著急的時候往往不能做出正確的決策。企業正急著用人卻沒有儲備人才，就會在招募上出現饑不擇食、慌不擇路的現象。試舉一例，有讀過《致加西亞的信》一書的人都知道，書中軍事情報局長瓦格納時時在做著人才儲備的工作，他在日常訓練中，透過不斷地觀察才發現羅文是個可用之才；所以當麥金利總統需要送信人時，他能夠立即推薦羅文。

人才儲備，在現代管理中可說是一個必備的環節。不過，有的領導者可能會說：「如果不缺人怎麼辦？一個蘿蔔一個坑，沒有多餘的職位，要如何安置員工？豈不是浪費資源嗎？公司可養不起閒人。」這正是人力資源管理的一個誤區。很多領導者想多招募一些人，但資金方面又吃不消。那麼，人才到底該如何儲備呢？以下介紹幾個資金投入少但效果不錯的人才儲備方法。

1 建立一個標準化的流程

你可以把相關的職位職責和操作流程書面化，當員工辭職，有新員工到職的時候，可以作為教育訓練的資料。職位標準化流程既可以省去職務訓練的時間，又能保證新進員工快速進入角色。

2 適當製造危機感

公司需要給員工安全感，同時也需要適當地給員工製造一些危機感，如此才能激發員工的潛能。比如很多公司都建立了一套「六能」機制，明確地向團隊成員提出「員工能進能出」、「職位能上能下」、「收入能高能低」，同時公司也對員工實施科學的考核評價；但考核不合格、不符合職務要求的員工不會馬上辭退，反而給予一定的績效改進時間，如果改進後還是不合格，就將其調整到低一階的空缺職位上去。

3 設置機動職位

在團隊中，有個職位特別適合儲備人才，那就是助理。具備人力資源知識的人都知道，助理的職位上不封頂下不保底，所獲權力可大可小，在用人時可伸縮自如。但它不像其他職位有明確的分工，只要主管有重要的工作指派，就要隨時協助完成。

一般來說，助理的工作主要有兩方面：一是抓點上的工作，主管的工作在不同階段重點不同，而助理這時就要協助主管抓重點工作；而另一方面就是抓面上的工作，主管如果在某段時間內沒有特別緊迫的重點工作，那麼助理就要協助思考更長遠的發展規劃。所以，這個職位上的人絕不是「閒人」，而是要隨時待命聽候調遣。

4 基於交叉業務進行教育訓練

如果公司沒有條件展開員工輪調，那麼你可以讓相近職位的員工進行有效交流，安排他們教育訓練，讓員工切實掌握多重職位的工作技能。

5 實施職務輪調

以員工的實際工作經歷為基準，讓員工熟悉更多職位的工作，打造公司內部一人能承擔多重職務的模式，這樣未來即使有員工提出辭職，其他同仁也能立即遞補。

人才儲備是現代企業管理中一個重要的概念，及早儲備人才對於團隊而言並不是浪費。只要掌握了合理的儲備方法，及時儲備一些人才，公司內部就有了一支機動部隊、預備軍，這對於團隊來講是非常必要的。

2-4 妥善安排，找出他最適當的位置

團隊的新進人員，尤其是年輕人，他們往往在新環境中野心勃勃，對工作充滿熱情，有一展長才的欲望。領導者如果能充分利用這一點，發掘新人的潛力，把對的人放在對的位置上，那公司的前景勢必輝煌。

有潛力的年輕人應重點培養

日本松下公司極力主張「實力勝於資歷」、「讓年輕人任高職」的用人原則，它們之所以提出這樣的主張，是有理論和實際依據的。松下公司的領導者認為，一個人在三十歲時是體力的頂峰時期，智力則在四十歲時最高；過了這個階段，人的智力、體力就會下降，開始走下坡。儘管有例外，但一般人皆如此，因此，職位、責任都應與此相對應，才較合乎理論。

一般而言閱歷、經驗當然是年長者多一些，但經驗並不等於實力。松下公司的領導所提出的「實力」概念，是指有實力不僅要能知，更要能行，知行合一，才是有實力的體現。

年長的人也許能知，但往往力不從心，未必能行，相較而言，三、四十歲的人更具實力；有實力的人，當然要被委以重任。大公司設有各種不同的職位，其中一些適合年齡較大的人做，但面對困難時的攻堅、衝刺時，就非得靠年輕人了；所以，松下公司認為，遇到困境時，要靠年輕人的力量才能突破難關，其原因在於年輕人更具有潛力。

同樣，創新也離不開年輕人，這跟人在不同年齡階段的生活觀念是相關的。人的眼光也存在著年齡上的區別：年輕人向前看，中年人四周看，老年人回頭看；老年人相對較保守，賦予他們創新的任務顯然是不合適的，因此，這項使命應該交給年輕人。

但是，東方根深蒂固的傳統文化並不容許年輕人輕易脫穎而出。松下領導者深知此點，所以他們採用一個折衷的辦法，那就是聽取年輕人的意見，且直接向他們討論。如果一位年輕人把自己的想法說出來，即便正確又有建設性，也會因為人微言輕而被否決；但如果你願意主動徵求他們的意見，再由你說出來，效果就大不一樣了，這就是領導藝術的巧妙之處。松下的領導者很看重並推崇這種方式，他認為年長的領導者應該汲取年輕人的智慧，來巧妙地推進工作。

麥當勞速食從1970年進入法國，展店數量和銷售額都以驚人的速度增長，平均每半個月就會開設一間新店面。隨著速食店的快速拓展，對於人才的需求也越來越多。法國麥當勞公司人事部主任喬治．布朗說：「我們在招募人才方面不拘一格，所有人才都能在本公司找到合適的位置。」

他們招募的人才既有初出茅廬、剛跨出校門的年輕人，也有在其他領域工作過、具有一定經驗的中年人。所有通過履歷考核的求職者，要先在店內進行實習，熟悉工作環境，也讓應徵者透過實習，深入瞭解工作內容是否與自己的期望一致；經過三天實習後，雙方再第二次面談，確定是否錄用。

確認錄取的新進員工，必須先當四到六個月的實習助理，熟悉各部門的業務，從銷售點到各個職位，然後升為二級助理，之後是一級助理，也就是店經理的左膀右臂。從進入麥當勞開始，每位員工平均經過二到三年，就可成為店經理。他們認為，文憑僅僅是「潛力的外表」；而麥當勞的口號也正是「能力掌握在自己的手中」，代表著文憑很快就會失去作用。

能否敢於起用新人，事關領導者的思維與能力問題，每位求才若渴的領導者都應該認真進行思考。提拔栽培年輕人時，一定要將資深員工安排好，只有員工團結一致，才能一起朝著目標努力，公司跟團隊才能戰無不勝。

讓員工去做他最擅長的事

所謂謀事在人，識人、用人為一切才能之上。一流的企業，需要一流的管理；一流的管理，則需要一流的領導者。領導管理的關鍵，唯在用人，而用人之道，在於讓有才者竭盡其力，有識者竭盡其謀。綜觀當今企業的競爭，其實就是人才的競爭。放眼未來，誰擁有優秀的人才，誰就佔據了制高點，對於一個團隊來說，也是一樣的道理。

富比士集團的老闆邁爾康・福布斯（Malcolm Stevenson Forbes）是一位善於用人的領導者。在富比士集團工作，只要你有才幹，就一定能被安排在合適的職位上，讓你大顯身手。富比士集團也正是因為用人有方而發展壯大，有許多事例都能證明這一點。

大衛・梅克是《富比士》雜誌的總編輯，他的才華十分出眾，但對人卻很冷漠，從來不留情面，而且又非常嚴厲。譬如，當編輯們正忙著寫稿時，他總會說：「在這期雜誌出版之前，你們當中會有一人被解雇。」每每聽到這句話，大家都覺得很緊張，精神壓力很大。

有次，一名員工實在緊張得受不了，就去問大衛・梅克：「大衛，你要解雇的人是不是指我？」沒想到大衛・梅克竟說：「我其實還沒有想好要解雇誰，既然你找上門來，那就是你吧。」就這樣，那名員工被解雇了。

但邁爾康・福布斯很看重大衛・梅克的才華和嚴厲，在大衛擔任總編輯的期間，最大的貢獻就是樹立出《富比士》雜誌「報導真實」的美譽；而在那之前，《富比士》曾多次被指責報導不真實。

為了保證報導的真實性，大衛．梅克專門派一批助理去核實材料。他們必須找出報導中的問題，否則就會被解雇，調查後發現確實有三名助理因為沒有找到報導中的問題而被解雇了。《富比士》在二十世紀六〇年代能夠與《商業週刊》、《財富》齊名，主要的競爭優勢就是報導真實。

而福布斯用人有方的第二個經典案例則是對列尼．雅布龍的任用。

列尼．雅布龍是一名理財專家，也是一位出名的「小氣鬼」，比如下班時間一到，他會馬上要求員工關冷氣或是拖欠他人的貨款不還……等。但邁爾康．福布斯就是看上他的小氣，跟人談理財，不小氣怎麼行呢？且事實證明，列尼．雅布龍擔任富比士集團總裁的期間，確實將公司的開源節流做得很好。而小氣的他在職期間，竟還有一件著名的大手筆交易——出賣「美國領土」。

1969 年，邁爾康．福布斯花 350 萬美元在科羅拉多州丹佛市以南買下了一座牧場，面積為 680 萬公畝。邁爾康．福布斯原本計畫將這座牧場開發為狩獵場，拓展事業版圖。

可當一切準備就緒，準備開業時，科羅拉多州政府卻發出通知，表示這塊土地上的野生動物屬於州財產，不得私人任意處置。

這等於把邁爾康計畫的狩獵場宣判死刑。

該怎麼辦呢？ 350 萬美元再加上後期的大量投入，總不能就這樣讓公司白白損失錢吧。正值危急關頭時，列尼．雅布龍想了一個高招成功地化解了這件危機。他把這片土地劃分為許多面積 202 公畝的小土地，然後分別出售。他們將宣傳做得很到位，稱這塊土地是實現美國夢的最佳場所，是一個完全不受污染的天堂，讓每位購買的人能夠土地實現夢想。

這招一出立即見效，許多人紛紛搶購。每塊地的售價是3,500美元，每公畝平均價則是17.33美元，而邁爾康．福布斯買進時的價格，每公畝不過僅0.514美元。這筆生意，讓他賺進了3,495萬美元，甚至超過當年公司的主要收入。

用最合適的人勝過用最好的人；對精明的領導者來說，對待人才就是將合適的人放在合適的位置上。

世間沒有一成不變的準則，面對不同的事物，我們要用不同的評斷標準，在人才管理上尤為明顯。一位看似平庸的員工，公司可能對他不屑一顧，但如果你能將他擺在正確的位置上，也許就能為團隊創造出意想不到的收益。

聰明的領導者應該學會發現人才的優點，人盡其才，避免人才浪費。

讓員工流動起來，找到最適合自己的位置

如果把一條魚放在陸地上，魚會因為缺水窒息死亡；如果把一隻鳥關在籠中，鳥會因為不能飛翔而沒有活力。人也是如此，每個人的能力和擅長的東西都有所不同，適合當業務員的人，若做行政人員就是一種浪費；而適合做管理的人，讓他做一名普通職員就不能充分發揮才能。隨意安排員工的工作，不僅無法完成既定目標，也會令員工心生不滿，工作效率降低，企業的資源和人力也會因此造成巨大的浪費。

全球知名的跨國公司Power Integrations（以下簡稱PI），曾經在亞洲知名大學招募一批見習經理，並對這些人寄予厚望，希望他們能成為公司未來在亞洲地區拓展的骨幹力量。而這些見習經理進入公司後也不負眾望，表現都十分出色，各自交出了非常優秀的成績單，證明自己足以勝任這份工作，畢業後都升任為正式員工。

但是，當初負責招募和管理亞洲地區的高階主管，因為公司內部問題讓他失勢，再加上 PI 公司在亞洲的發展遇到困難，所以新任主管希望他們先從基層做起，短期內無法讓他們晉升；但他們認為若從基層做起就是大材小用，根本無法發揮自己的能力，一展長才。於是，這位新主管才上任六個月後，這批見習經理僅剩兩人還留在 PI 公司工作，其他人已相繼離職。更糟糕的是，十年後，原先這批見習經理，有一部分的人已成為其他公司的總監或領導者，甚至還跟 PI 公司有著直接的競爭關係。

吸引人才並將他們的能力發揮到極致，是現代企業競爭取勝的法寶。鋼鐵大王卡內基（Andrew Carnegie）的成功就仰賴於他可貴的創新觀念，但從另一個角度來說，他的善於識人、用人也功不可沒，佔有絕對的比重。

他曾說過：「我不懂得鋼鐵，但我懂得鋼鐵製造者的特性和思想，我知道如何去為一項工作選擇最合適的人選。」

美國奇異公司（General Electric Company）原總裁傑克．韋爾奇（Jack Welch）也說：「我的工作內容就是選擇最適當的人選。而最適合人選就是公司最佳人選。」

國際管理大師湯姆．彼得斯（Tom Peters）也說：「公司跟團隊唯一真正的資源是人，而管理就是充分開發這些人力資源，做好所有的工作。」

上述這些都指出了人才的重要性——它是最寶貴的戰略性資源。一間公司是否成功，主要取決於它能不能對人力資源進行有效的開發，能否將全體員工的潛力都挖掘出來，實現公司利潤的成長；團隊也是如此，一個團隊是否優秀，在於團隊成員是否有安置在適當的位置，能夠發揮他的所長。領導者的才幹高低，也不是因為他能將工作做得多麼優秀，而在於他能否在團隊的發展目標和員工的個人素質之間找到最佳的結合點，讓員工的能力得到最大程度的發揮。

因此，給人才一個最佳位置，讓每個人都能充分發揮自己的聰明才幹，是每位領導者要特別重視的問題。只有把人才放在合適的位置上，才能發揮他最大的才華。事實也證明了這點，世界前五百強的企業皆採取各種措施，想盡辦法將員工放在最適當的職位，做他們最適合的工作。

SONY 公司董事長盛田昭夫有一個習慣，那就是每天晚上和員工一起用餐、聊天，他認為這樣不僅可以保持與員工之間良好的關係，也有利於瞭解員工的想法。有一天，他如往常般和員工一同用餐、聊天，他發現有一位年輕員工獨自坐在角落低頭吃飯，也不和別人說話，看上去滿腹心事。他見狀便主動坐在他身邊和他交談。

幾杯黃湯下肚之後，這名員工的話匣子就打開了：「以前，我在其他公司工作，他們給我的待遇很好，但因為我很崇拜 SONY 公司，把進入 SONY 公司工作當作最大的願望。後來，我如願進入 SONY，這真的讓我感到很自豪。但工作一段時間後，我就不再這麼想了，我總覺得我不是在為公司工作，而是在為我的課長工作，每天都在服侍著他。說句大不敬的話，那位課長真的很無能，無論我想採取什麼行動或有什麼建議都必須經過他，但他又不批准；當我想出小發明或技術上有甚麼改良的時候，他非但沒有鼓勵、支持我，還老是挖苦、諷刺我說：『癩蛤蟆想吃天鵝肉』說我野心太盛。難道這就是我來 SONY 的目的嗎？難道這就是我心目中的 SONY 嗎？我真傻，以前工作的待遇那麼優渥，我居然放棄了那份薪水來 SONY，而且還要為我那愚蠢的課長辦事。」

聽完這番話，盛田昭夫覺得十分震驚。他意識到，公司內部有這種想法的人肯定不是少數，若一家公司想獲得發展、成長，領導者就要注意到員工的心理和生活問題，讓他們有提升自己的空間。於是，他決定改革公司的人事管理制度，提供機會給充滿野心、有抱負的員工。從那之後，SONY 每週都會在公司內部刊物上刊登一些空缺職位的「求才廣告」，每名員工都可以自由且秘密地應徵，任何人包括他們的直屬主管都不能阻攔。此外，SONY 每隔兩年還會讓員工調換職位，主動提供那些精力旺盛、能力強、幹勁足的員工有施展長才的機會。實施一段時間後，SONY 公司內部有能力的人，順利找到施展長才的舞台，而公司的管理部門也因為此措施，得以讓離職率降低，留住人才。

SONY 公司以上做法的可取之處在於提供人才一個不斷提升自己、持續發展的機會，為員工提供一座能充分施展才華的舞台。且在這種可以自由選擇職位的方式下，員工也都漸漸可以勝任其它職位的工作，公司的前景也會越來越光明；而這也是世界前五百強企業大部分都曾採用過的方式。

另外在知名的日本本田公司，他們的員工在自己的職位上通常只能待三個月，等他們完全勝任了這個職務之後，就會根據個人意願被安排去做別的工作。因為他們知道，任何人若在同一職位上長時間地做相同的工作，就會產生一種倦怠心理，工作的積極度會受到影響，而這種轉換工作的方法可以有效地避免這種情況發生。短期而言，這麼做可能會影響公司的產能，但長期來說，因為員工在做自己喜歡和擅長的工作，所以工作積極度和創造性都會得到提高，整間公司的工作效率也會因此提高。

十九世紀末，美國中西部的密蘇裡州有一位壞孩子，他總是偷偷向鄰居家的窗戶扔石頭，還將死兔子裝進桶子裡放到學校的焚化爐裡焚燒，弄得臭氣熏天。

在他九歲那年，他的父親娶了繼母，他的父親提醒她的新婚妻子要好好注意這孩子。繼母基於好奇心而想跟孩子有進一步接觸，當她與孩子較為親近，有了一定瞭解後，她跟先生說：「你錯了，其實他並不壞，他還很聰明，只是他的聰明沒有得到適當的發揮。」

繼母很欣賞這孩子，後來在她的關愛及引導下，孩子的聰明找到了發揮的地方，更成為美國當代著名的企業家和思想家。而這個人就是——戴爾．卡內基（Dale Carnegie）。

人能不能做好一項工作，其關鍵不在於他可不可以做，而在於他願不願意做、適不適合做。做自己喜歡的、擅長的工作，其潛能和創造性就很容易發揮出來，否則工作對他而言，充其量只是一項和衣食住行聯繫在一起，必須完成的任務而已。所以，對於領導者來說，管理的重點不應該是管，而在於是理，理順工作中可能遇到的各種狀況和矛盾，將每位員工都放在最合適的位置上，管的問題就會迎刃而解。

當然，這樣並不是要將所有的問題都推到管理問題上去，員工本身也要積極參與其中。與其為了一點點薪水而委曲求全地去做自己不擅長、不喜歡做的事情，倒不如把精力放在自己擅長且喜愛的事情上，這樣前途和「錢途」才會雙豐收。

Chapter 3

團隊中，每個要素都是不可缺少的螺絲釘

「人們在一起時，可以做出單獨一人所不能做出的事業；當智慧、雙手、力量結合在一起，幾乎是萬能的。」

——美國學術和教育之父　諾亞 · 韋伯斯特

Raise your **leadership** and make **your team** be **better.**

不做全面的領導者，讓員工擁有充分發展的空間

人們常說，用人要用到「實」處，要給人才適當的職位，並授予相應的權力，以便其能充分發揮其才能。

勞於用人，逸於治事

員工的最大願望就是能得到主管的賞識和器重，讓自己的才能得到最大的發揮。領導重用人，就必須委之以政、授之以權，放手讓員工大膽地工作、施展才華，這才是用人之實。可是，有些領導者對團隊裡的大、小事，甚至一切事務都要過問，最難以理解的是，他們有時還會包辦其它職位的具體業務。這種事必躬親的做法是領導者的大忌，原因有以下幾點：

第一，領導者的時間、精力和能力都是有限的

- **時間有限：**韓非子曾經說過，領導者的時間有限，但要做的事情卻無窮無盡。如果事事都親自去解決，那麼你又能夠解決多少問題呢？任何人在客觀限定的時間內，所從事和完成的事都是有限的，當然領導者也不例外。
- **精力有限：**荀子在自己的著作裡曾提到，大到治理整個天下，小到治理一個諸侯國，每件事都非得由自己去做，那就沒有比這更勞苦憔悴的事了。的確，每個人的學識者都是淺薄有限的，以淺薄有限來應付廣博無限，誰都不會成功。在一個團隊中，每一位成員、每一個職位都分管不同的業務，領導者不可能對每項工作都親自去做。
- **能力有限：**領導者也是凡人，即使是才能非凡的領導者，也只能是有所能而有所不能，你僅能依靠全體成員的綜合判斷進行決策，但光靠

自己的眼睛和頭腦去決策是遠遠不夠的。正如《呂氏春秋》裡所說，每個人的耳目心智所能瞭解和認識到的東西很有限，所能聽到的東西也很膚淺；若僅憑著膚淺貧乏的知識，就想佔有統治、廣博天下的地位，使國家得到治理和安定，那是根本做不到的。據《史記》記載，秦始皇勤於政事，國家大大小小的事情都要親自決斷，每天閱讀的文件多到晝夜都不能寐。可見，事必躬親會給領導者帶來多大的麻煩，在某種情況下，這樣做也說明領導者的用人無方。

第二，職位的分工不同，各成員的管理職能也不同；職務不同，管理的層次也不同，不能相互混淆。比如在一個企業裡，企劃部、廣告部、行銷部、財務部各有各的職權範圍。如果領導者不能明確自己的職責範圍，事必躬親，什麼都管，甚至包辦員工的事務，違反了職能分工的原則，只給員工職位而沒有實權，這樣重用人才豈不成了一句空話。

宋代的范仲淹明確地指出：從國家的角度講，君主只須掌握國家的最高人事權，選擇合適的人做官吏，管理各種具體事務。例如，具體處理國內外政務是宰相的職權；加強邊防和訓練軍隊是將帥的職責；執掌朝廷禮儀是御史台的職責；嚴懲不法行為、維護京師安全是京兆尹的職責。

政府部門籌畫經濟，縣令等地方官的首要任務是治理好本地的徭役與賦稅。對於這些具體事務和管理的許可權職責，君主不必親身過問，只要依職授權、放權就行了。

領導者與員工之間要職權明確，讓員工有職有權，做到各司其職。當今，作為一個團隊的領導者，所關注的應該是發展戰略；規劃執行目標與執行方針，將人才安排在相對應的位置。這樣就有了各自的層次和職責範圍，你沒有必要事必躬親。所以說，領導者應該學會應用「勞於用人，逸於治事」的辯證法，不要走入事必躬親的誤區。

不做全面管理的領導者

如果你想把團隊管理得有條有理，就要讓管理有層次。現代管理有著明顯的層次分別，像一個公司中有決策層、管理層、執行層一樣，各層次分別有各自的職責和權利。決策層負責企業的經營戰略、規劃和生產任務的佈置；管理層負責計畫管理和組織生產；執行層則負責具體的執行和操作。如果不能正確對待這一管理中存在的客觀事實，便會在管理中無可避免地出現各式各樣的問題。

假如一位主管見到工人遲到就訓斥一番，看到客服人員的態度不好也要指責一番。表面上看他是一位負責的主管，而實際上他卻違背了「一名員工應該主要聽取直屬主管的命令」的指揮原則，犯了越權指揮的錯誤。員工的出缺勤是人事部管理的範圍，而客服人員的態度好壞應該是由客服部來教育管理，每一位主管都有各自負責的區塊，處理好各自的事務。

作為領導者，若你管得過多、過細往往會打破正常的管理秩序，使管理處於紊亂的狀態，甚至影響到公司的效益。且對於員工來說，一會兒老闆說東，一會兒主任又道西，前後指令不統一、明確，指示交叉或重複，會令底下的員工們無所適從，不知道該如何是好。所以，管理應具有層次，不管是大是小的團隊，也應該在管理中遵行層次的歸類，避免「越俎代庖」的現象發生。

如果企業的最高領導越權指揮，包辦一切，什麼都不放心，從企業的經營策略到工廠的生產計畫，再到窗戶是否擦得乾淨，他都過問，這就恰好遂了那些散漫、混日子的員工們的心願：他們不願動腦，不願思考，自己的工作若有人替他們處理，出了問題也不用承擔責任，這正是他們求之不得的。剛好你又事事包攬，你想誰會不喜歡這樣的「好」老闆呢？

美國有位叫漢斯的企業家，他的公司從小店鋪順利發展到幾家大型百貨商場，但他依舊採用原本的管理作風，對公司所有事務都關心得很透徹，哪個主管做什麼，該怎麼做；哪個員工做什麼，該怎麼做，他都安排得妥妥貼貼。某次，他安排出國度假，但出門才不過一週，公司的信件就如雪花般飛入了他的郵箱，公司打來的電話也是接不停，而且都是些公司內部瑣碎的事情。結果漢斯不得不提前結束原本計畫一個月的假期，回到公司處理那些瑣碎的小事。

假如漢斯在企業管理中做到層級分明、職責清楚，又怎麼會連一個安穩的假期都休不成呢？究其原因，都是因為他的管理有問題，讓部下和員工們形成惰性，造成了事無大小全憑指揮的依賴性和缺乏創造性的工作局面，以至於他不在現場，公司便無法正常運轉。就管理成效而言，這是一種非常糟糕的情況。

領導者全面管理、包辦一切的另外一個缺點，就是不利於激起員工的積極性與創造性，不能盡人才之用。創造性只有在不斷地實踐中才能體現出來，而越權指揮的主管恰好截斷了員工通往創造性的通道，使員工的行為完全聽從於主管個人的命令和指揮。長久下來，會讓他們認為想也是白想，反正一切早就安排好了，即使有更新、更好的創意，最終也是難見天日。若個人的創造性不能在團隊中得以體現，那也就不用談什麼積極性了，慢慢就變得跟機器一樣，出了問題，有了毛病，便停止工作，唯有等老闆這個「修理工」處理好了，才能繼續運轉，沒有一點能動性。然而，那些有才華、有能力的員工，他們比普通員工更迫切地希望能體現自己的價值，但工作中卻處處找不到表現的機會，在這種情況下，難免會產生壓抑感，時間久了，就會遞出辭呈走人。

而給員工相當程度的自主性，並不意味著領導者對於員工的紕漏和錯誤應該不過問，聽之而任之。你要採取恰當的管理方法，管教合適的物件；如果在十分緊急的情況下，把越權指揮當作臨時的應急措施也未嘗不可，但事後一定要馬上向原先負責的員工告知情況，以免造成管理上的紊亂與重複。

在管理中，領導者和員工平常能打成一片，但在涉及具體的權利和職責，或處理團隊內部的種種問題時，你一定要注意團隊管理的層次，切忌越權指揮；且對於一個現代化的企業來說，企業的領導者更不宜全方位插手大大小小的事務。

不論資排輩，讓年輕人有用武之地

不少單位的人才分佈總有這樣一個特點，那就是處於領導階層或居於重要職位的員工，大多數都是年齡、資歷較長的前輩，年輕人好像只能聽命行事，要從基層一步一步地往上爬。其實，在實際工作中，很多人都有這樣的體會：團隊中有幾名年輕員工才華超群，但對於這種年輕員工，若不及時給予他們擔當重任的機會，反而會大大妨礙他們的成長。

真正有才華的員工，應該一開始就把他們視為能獨當一面的人，對他們委以重任，讓他們有機會表現自己的能力，即使任務稍重也無妨。總之，一切責任都要由他們一肩挑起，如此才能促進他們的成長。

大多數年輕人對失敗並不畏懼，他們打不敗、壓不垮；初生之犢不畏虎，勇氣可嘉，在他們的心目中，沒有失敗是不可挽救的。

因此，作為一位領導者，你要多分配重任給較年輕的員工，激發他們對工作的積極度，使其在磨練中迅速走向成熟。你還要有廣闊的胸襟，讓年輕員工有犯錯的機會，而這也考驗著領導者的用人能力。

在現代企業中，年輕人往往占公司的大多數，他們年富力強，充滿工作熱情，可說是企業的中堅力量。如果團隊的領導者能夠把握年輕員工的特點，善加引導，開發出他們無窮的創造力，使團隊卓越，讓公司一日千里。

一般年輕員工分為三類：充滿事業心；做事得過且過，常想著要自立門戶；隨波逐流、唯命是從，只要有份工作就好，沒有任何理想抱負。

無論屬於哪一種類型，其實他們內心都有著一股幹勁，只是不懂得如何發揮，甚至不願意發揮。所以身為他們的主管，引導他們發揮長才是你的責任。那麼，該如何幫助他們發揮其才能呢？

1 給他們一些較重要的工作

許多主管習慣指派固定的員工專門負責重要的工作，不試著瞭解其他人是否也有能力處理這項工作。久而久之，便形成團隊有些人忙得不可開交，有些人則被閒置，沒有事情可做的情況。

2 給員工適當的指導

有些員工過分激進，將衝動誤以為幹勁。面對這類年輕人，領導者應傳授並教導他們一些辦事的技巧，讓他們知道凡事都該按部就班，瞄準機會再出擊，不能橫衝亂撞，反而壞了大事。

3 少貶多褒

年輕人的自尊心極強，有時被主管稱讚就會喜不自勝；被貶則會無精打采。所以領導者應多予以褒揚，他們才敢於更進一步。

對事業有企圖心的員工會儘量將自己的想法向主管提出，冀望得到認同，才能被肯定。若遇到此類型的員工你就等於獲得一個寶藏，只要懂得開採，其利無窮。

當員工願意主動提出對工作的看法時，你應該欣然傾聽；並將眼神落在對方的臉上，專注於談話上，而不是看著其他東西。

無論他的想法、創意是否可行、具有建設性，你也要予以鼓勵；儘管不能立刻實現想法，也應將他的建議記錄下來。倘若未來有意採用，就要與他一起研究需要注意並改進的地方。千萬不要「採納甲員工的建議，卻將想法和乙員工討論，然後卻交給丙員工執行」如此一來，可能導致甲不願再提出有建設性的想法及創意，乙則沒有心情去分析事情的利弊，反正成敗都不關他的事，最後丙反成為一台機器，只會聽從指令去執行而不懂創新。

身為領導者，應對年輕員工進行步驟性的指導，包括效率與素質並重的處事方法，並且鼓勵他們多學、多想、多去實踐，三者缺一不可。

鼓勵員工學習不是單憑說話，而是靠實際行動，例如親自傳授一些心得，規劃短期教育訓練課程、聘請專業人士授課、定期或不定期地演講等，讓他們認為你是位言行一致的主管。

對年輕員工切忌濫用高壓政策，因為在任何環境之下，採用高壓政策只會培養出以下兩種性格的人：反叛性或奴隸性。

反叛性的員工會對公司造成或多或少的破壞，效率和素質都只是表面，實際會留下後遺症。例如，員工陽奉陰違、表裡不一，看似在為公司賣命，實則替其他公司辦事，並對所在公司做出不利宣傳；而奴隸性的員工則欠缺主動性，唯利是圖，沒有主見，久而久之失去對工作的敏感度，使工作整體受到影響。

3-2 放大放小，掌握權限施放的分寸

作為一位領導者，適當的授權是必要的，如上節提及，其實你並不需要每件事情都事必躬親，而是要領導團隊，引領並指派各項任務讓員工完成，充分發揮團隊的功用，達到事半功倍的效果。

授權，是指主管在分配工作的時候，賦予員工相應的權力，准許他們能在一定範圍內調度人力、物力和財力；同時允許他們在工作中自行做出決定，更有效地完成任務。

權力就像握在手裡的沙子，握得越緊，握住得越少

有些領導者把自己的重要性看得過重，認為別人不如自己有責任感，也認為其他人的能力不如自己。導致事無巨細，事必躬親，以致輕重不分，其結果只能是「白費心力，卻於事無益」。

權力就像握在手中的沙子，如果你握得越用力，它越容易從指縫間流失。同理，如果你把團隊的權力握得太緊，不懂得適當地放權，那必定會造成你在團隊內部的權力下滑，陷入一片混亂。可見，權力是一把兩面刃，若你的內心越恐慌，就越想把它握得更緊；所謂「鞠躬盡瘁，死而後已」固然令人敬佩，但勞心勞力，效果未必比適當分權要來得好。

戴爾電腦創始人麥可·戴爾（Michael Dell）在創業之初，因為老是加班趕工，常導致隔天早上睡過頭。有次他實在睡得太晚，急急忙忙趕到公司後，看見有二、三十名員工在門口迎接著他。剛抵達時，戴爾不明白發生了什麼事，就好奇地問大家：「這是怎麼回事？你們怎麼不進去呢？」

有人回答：「老闆，鑰匙在您那兒，您沒到公司我們就進不了辦公室！」

戴爾這才想起公司唯一的大門鑰匙正掛在自己腰帶上，而平常都是他第一個到公司，恰巧今天睡得太晚，才注意到這件事情。從此，戴爾努力早起，但難免還是會遲到。

某天，一位員工走進他的辦公室報告：「老闆，廁所的衛生紙沒有了。」

戴爾覺得莫名其妙，一臉不高興地回他：「什麼？沒有衛生紙也要找我！」

「因為置物櫃的鑰匙在您那裡呀！」員工回答道。

又過了不久，當時戴爾正忙著解決複雜的系統問題，有名員工走進來，抱怨道：「真倒楣，我的硬幣被自動販賣機給『吃』掉了。」

戴爾一時沒反應過來：「這事跟我講幹嘛？」

「因為自動販賣機的鑰匙由您負責保管。」這時戴爾想了想，決定放權，他不能再將大事小事都攬著。他將不該拿的鑰匙分別交給適當的人保管，又賦予部分員工職權，負責管理各個部門。公司在新的管理方法下變得有條不紊。

《授權金典》中說：「一名領導者，如果不知如何授權，下場是活活累死；如果不知何時授權，會被活活氣死；如果不知授權給什麼人，肯定會被活活急死。」如果你堅信「我個人就代表團隊」；如果你事無巨細，凡事都要親力親為；如果你獨攬大權，不予人任何權力……那就代表你犯了管理的大忌。領導者若想事事親力親為，不僅做不到，可能還會把事情越搞越糟。

就像一隻抓住沙子的手一樣，鬆開的手會比握緊的手擁有更多；若你抓住要點，就能夠更好地控制局面。

只要你適當的授權，並且給員工足夠的信任，他們自然就會努力工作。

本田宗一郎是日本本田汽車公司的創始人。他對日本汽車和摩托車業的發展做出了巨大的貢獻，曾榮獲日本天皇頒發的「一等瑞寶勳章」。

但沒有人是十全十美的，本田宗一郎也曾經因為沒有掌握好權力而犯過錯誤。

一次，在本田技術研究所，技術人員們為汽車內燃機要採用「水冷」還是「氣冷」發生了激烈的爭論。

爭論僵持不下，最後，他以社長的權力要求採用「氣冷」。結果，在賽車比賽中，一名車手駕駛本田公司的「氣冷」式賽車參賽，由於速度過快，賽車撞在圍牆上，導致油箱爆炸，車手當場被炸死；此事導致本田「氣冷」式汽車銷量大減。

而事情發生之後，本田汽車的技術人員再次要求研究「水冷」式賽車，但仍然被他拒絕。一氣之下，幾名主要技術人員準備辭職。

本田公司的副社長藤澤感到事態嚴重，就打電話給本田宗一郎：「您覺得當社長重要還是當技術人員重要？」

「當然是當社長重要。」

藤澤毫不留情地說：「那就同意他們去搞『水冷』引擎。」

此時，本田宗一郎終於醒悟過來，毫不猶豫地說：「好吧！」

結果那幾個主要的技術人員開發了適應市場的各種新產品，從而使公司產品的銷量大增。

雖然本田宗一郎起初用權力來壓人，堅持己見，但最終還是改變了自己的想法，鬆開了緊握權力的手。

領導者如果適當地授予他人權力，對方就會對你心存感激之心，回以更大的回報。領導者在掌握權力時，應牢牢記住：當你試圖抓住所有的權力時，你也許正逐漸地失去它；當你試圖鬆開手，合理分權和授權時，反而能得到更多的權力。

抓大放小，掌握授權的分寸

現在有的主管工作十分繁忙，可以說：「兩眼一睜，忙到熄燈。」一年三百六十五天，每天忙得四腳朝天，恨不得有分身術。這種以力氣解決問題的想法太落伍了。面對些問題，作為領導者應該對權力抓大放小，管好該管的事，放下自己不該管的事。

如何分配好手中的權力，是領導者在權力運用過程中無法迴避的問題。領導者在分配權力的過程中要掌握一個基本原則，那就是「大權獨攬，小權分散」。

而哪些是「大權」，哪些又是「小權」？對於這個問題，不同領導者對於權力差別的區分通常都是不一樣的，而且其中的分寸掌握起來也很不容易。有的領導者可能把「大權」當成「小權」，把它放了出去；有人則可能把「小權」看成「大權」，走上專權的道路。

當然，「大權」和「小權」是相對的，主要根據領導者所處的位置而定。領導者在劃定大權和小權的時候，首先要把權力囊括的範圍確定下來才行，否則其對於大權和小權的劃分差距是很大的。

從涉及的範圍來考慮，關係全域的權力當然就是大權；僅關係到某一層面的權力，只能算作小權。

從權限的角度來說，員工不能解決而必須由主管解決的問題，類似於這種的應該都屬於大權的範圍；若員工能自行解決而不需要請示主管的問題，這一般都不能算是大權範圍內的事情，屬於小權。

而從權力的性質來考慮，一般組織的權力分為三個層次：一是決策權，二是運行權，三是執行權。

- 決策權就是對關鍵的問題握有主要權力，具有「不可替代性」。人們常說，領導者要掌握總體方向，控制大局；像這種權力是要獨攬的，決策權應該是一個團隊、公司的最高領導者的權力，也就是所謂的大權。
- 運行權一般來說是中、高階主管的權力，其中帶有壟斷性的，可能是大權；但照章辦事確認團隊正常運行的權力，對於最高領導者來說，屬於小權。
- 執行權是基層員工和低階主管的權力，對於低階主管來說，其中關鍵性的操作可能是大權，但一般的日常操作則是小權，可直接交付員工處理；而對於最高領導者來說，這些當然更是小小權了。

對於一個團隊發展而言，最重要的是決策。所以你一定要抓住大權、用好大權，放開小權，不要光忙於瑣碎的事務，而忘記自己最重要的任務。

集權和分權還有一層重要的意義，那就是讓領導者能夠正確處理團隊每位成員之間的權力分配問題。而在集權與放權這件事上，領導者常見的問題有三種：

- 自己有本事，卻事事不放手、親力親為，這樣的人雖然集權過多，但還是可以將事情處理好。
- 自己沒有本事，所以將權力放手給員工。這樣的領導雖然放權過多，但他能夠充分發揮員工的積極性，所以事情也還是能順利處理完成。
- 自己沒有本事，但也不放手給下面的員工。這種狀況的領導最糟糕，因為他成不了事，也不放手讓員工去執行，什麼事情都做不好。

因此，作為領導者，要冷靜地思考自己的權力結構配置問題。如果你不努力去做自己應該做的事情，那麼團隊就會渙散下來，因為沒有人去統籌全域；如果你又總做些員工應該做的事情，整個團隊也會渙散下來，因為他們會覺得無事可做，變得消極起來。

另外，「大權獨攬，小權分散」也是主管可以參考的工作模式。集權和分權，考驗著你如何發揮員工的積極性，如果充分運用，那團隊自然能解決許多難題，不斷地成長；因此，集權而不專權，放權而不放任，才是領導者最好的作法。

把握有效授權的八個原則

作為領導者不僅要敢於授權、願意授權，更要善於授權。正確授權能提升團隊工作的效率，更好地完成工作，否則事倍功半將事情弄得一團糟。所以在授權時，你一定要遵循以下八個原則。

1 分級原則

領導者不能將不屬於自己範疇內的權力授予員工，也不能越級授權，只能對直屬員工授權。否則，會造成團隊跟公司混亂、爭權奪利的現象產生。

2 量力原則

量力原則是指主管向員工授權，應當視自己的權力範圍和員工的能力而定，既不可超越自己的權力範圍，也要顧及員工的工作能力。

3 目標明確原則

授權本身要體現明確的目標。在分配時要明確交代員工要做的工作，要達到的標準是什麼，以及達到標準的員工如何獎勵等。唯有目標明確的授權，才能讓員工清楚自己被賦予的權限和要承擔的責任。

4 授權內容清晰原則

領導者要確定員工妥善瞭解授權的內容、任務（包括事情的重要性及急迫性等），明確告知員工他們可能遇到的問題（例如機密資訊可能難以取得等），同時還要向員工說明授權的原因，以及自己對授權工作的要求等，幫助員工全面地瞭解授權的意義，否則員工只是單純地接受任務去執行。

告知員工授權的工作內容後，你應該要求員工複述一遍，確認他對授權工作充分的了解。若只是詢問員工是否瞭解，然後對方點頭稱是，並不代表員工真正瞭解了。有時成功授權所需要花費的時間和精力並不亞於領導者親自執行，所以你必須有這方面的心理準備。

5 職能界限原則

被授權者只能在其職權範圍內行使權力，不得越界，且在其職能範圍內的問題不得上推下卸。領導者對被授權者的工作不得過多干涉。

6 責權統一原則

領導者授權時，必須給予被授權人明確的責任和權力範圍，使他有一定的職、權、責。授權時，領導者必須向員工明確交代授權事項的責任範圍、完成標準以及權力範圍，讓他們清楚知道自己有什麼權力，有多大的權力，同時要承擔什麼責任。最好在授權一開始就讓員工明白自己的權力和責任的限度。

7 支持原則

在員工需要幫助的時候，領導者應及時給予協助。例如：告知員工，當他們有問題時可以向誰求助，並且還要提供他們所需的工具或資訊。當領導者把工作分配給員工時，也要把該項工作的權限一起轉交。例：及時告訴合作夥伴，自己已授權給某位員工負責分析市場現況，請他以後直接給予該名員工必要的協助，事先為員工鋪好道路，讓任務能順利進展。此外，還要讓員工瞭解，他們仍可以尋求你的意見和支援。當然，領導者不應去干涉員工的具體行動方式。

8 可控原則

授權要具有某種可控程度；不具有可控性的授權，不能稱之為授權，而是領導者棄權。大權旁落，只會引起員工的紛爭，從而擾亂整個局勢，造成人力、物力嚴重內耗，致使團隊缺乏競爭力，而沒有高效率。

及時有效的監控手段是推動專案沿著既定的軌道按部就班運行的必要措施。如果缺乏行之有效的監控手段，就很容易造成工作放任自流，最終導致授權流於形式，達不到預期的效果或者徹底宣告失敗。授權後，領導者要綜觀全域，掌握大方向，對被授權人進行指導和監督，整個組織系統實行統一的協調和控制，及時糾正存在的問題，以確保整體目標的順利實現。

走出授權誤區

授權是一門管理藝術，需要領導者把握好分寸，以確保正確的授權和合理的控制；否則很容易走入授權的誤區。部分領導者經常不負責任地放出職權，不僅無法激發員工的積極性和創造性，反而會引起他們的不滿。例如，有些主管向員工交代任務時總是說：「這項工作就拜託你了，全由你做主，不必問我。」這種授權法可能會讓員工心中覺得：無論我怎麼處理，老闆也無所謂，可見他並不重視這項工作，結果如何也沒有什麼意義。老闆這樣不是在小看我嗎？

高明的授權，既要下放一定權力給員工，又不能讓他們有不被重視的感覺；既要檢查督促他們的工作，又不能讓他們感覺有名無權。若你想要成為一名優秀的領導者，就必須深諳此道。

對於團隊的領導者來說，若想適當授權並發揮授權的激勵作用，就要避免以下授權誤區。

1 隨意授權

有些領導者不能根據工作任務的性質，對被授權者所具備的能力、知識水準等進行慎重的考核；或是依據個人的好惡跟員工的親疏程度來選人；或者從公司內部派系關係來挑選授權人，這些都很容易造成授權上的偏差。

2 含糊授權

如果向員工授權時總是不明不白的，對於給他們什麼權力、多大的權力……等問題從來不講清楚，會讓他們不能瞭解授權的真正意圖就去開展工作，造成工作事倍功半或錯誤執行。

3 授權失當

一些領導者盲目地把權力交給無法勝任工作的人，結果耽誤了工作時程，造成整個團隊專案的延宕。所以授權時要選擇具有能力又能行事負責的人，否則便是不當授權。

4 推卸責任

完成工作指派與授權後，領導者仍然要對指派出去的工作負全部責任。也就是說，當員工無法完成指派的工作時，你要承擔後果；若授權之後便將責任推卸到員工身上的做法是不對的。

5 越級授權

你不可以將中階層級的權力直接授給基層員工，這樣會造成中階主管工作上的被動，不僅抹煞了他們負責的精神，還讓他們有被架空的可能，久而久之會形成「中階情結」，出現中階主管管理不力的情況。因此，授權只能逐級下授，切不可越級授權。

6 在授權時找藉口

領導者大致都能瞭解授權的好處，但多半卻視授權為權宜之策。原因是擔心員工做錯事、不願意放棄自己得心應手的工作、找不到適當的員工授權……等。

擔心員工做錯事的主管，內心裡真正擔心的不是他們做錯事本身，而是怕他們做錯事反讓自己受連累：一方面對員工缺乏信任，另一方面又不願意為他們承擔受過，所以一般都像唱獨角戲那樣凡事親力親為。員工難免做錯事，倘若你平時能給予適當的訓練與培養，做錯事的發生率就會降低。授權是一種在職訓練，不能因為害怕員工做錯事而不予授權，反而應該提供充分的訓練機會，避免他們老是做錯事。

基於慣性或惰性，有些領導者不願將得心應手的工作授權給員工執行；有些領導者則是以「自己做比教導員工做更省事」的理由來拒絕授權。而這兩種領導者有著共同的缺陷，他們將有限的時間和精力浪費在能夠授權的工作上，而真正應該由他們處理、決策的事情卻無法獲得重視。

若要讓授權有意義，領導者就不能以「找不到適當人選授權」為藉口不授權；其實，任何員工都具有可塑性，他們能透過每次任務的經驗不斷地成長，具備越來越多的能力。若你真的找不到適當的授權人選，不妨先自我檢討一下，倘若你在進行員工的招募、教育訓練與考核工作時做得周延些，有需要時又怎麼會沒有人選呢？

7 授權不充分

許多領導者雖然把權力轉交給員工，但卻會額外加上許多限制，失去授權真正的意義。當你把權力授予出去的時候，就要充分信任員工，相信他們能負起責任，有效地使用權力。唯有充分授權才能真正地提高員工的積極性。

8 授權者沒自信

有些主管由於缺乏自信，不願充分地授權，擔心員工的表現會比自己更好，從而危及自己現有的職位。而這類型的主管必須積極建立起自信心，並同時提高能力和管理水準，否則，有朝一日會如他們所恐懼，保不住自己的職位。

3-3 別讓溝通影響團隊間彼此的運作

《聖經》中有一個故事，上帝因為害怕人類建造巴別塔（又譯：巴比倫塔）直達天堂，所以祂把人類的語言變亂，讓他們無法進行溝通，巴別塔自然就沒有辦法建成。其實《聖經》這個故事是要告訴我們：如果溝通不順暢，任何簡單的事情最終也會失敗。團隊也是一樣的，若團隊內部的溝通宛如一灘死水，那麼再厲害的人都阻止不了團隊走向失敗。

找到最佳內部溝通方式

美國沃爾瑪公司（Wal-Mart）總裁山姆．沃爾頓（Sam Walton）曾說過：「如果你必須將沃爾瑪管理制度濃縮為一個主要核心，那勢必就是溝通；因為它是我們成功的重要關鍵之一。」溝通就是為了達成共識，讓所有員工一起面對現實。而沃爾瑪決心要做的，就是透過資訊共用、責任分擔實現良好的溝通交流。

團隊每位成員彼此都是互相合作的關係，大家要協作就必須透過溝通，如果你不清楚對方的需求是什麼，對方也不明白你欠缺什麼，那最後不是資源浪費，就是一敗塗地。每個人都不是別人肚子裡的蛔蟲，就算是父母、夫妻也不可能每次都明白你想要的是什麼。而團隊是依靠合作來完成工作的一個整體，只要任何環節的溝通出了問題，都可能造成團隊不可估量的損失。

所以內部溝通非常重要，但還是有很多團隊有著溝通不暢的問題，之所以會這樣，是因為大家不明白團隊溝通中最關鍵的三點。

- **準確：**在資訊的傳達過程中，準確是最基本的。如果團隊中常常出現「可能」、「大概」、「也許」這些字眼，那麼你就要小心了，就是這些不負責任的資訊破壞了工作效率，一字之差就會讓事情由白變成黑。所以在資訊的傳達上必須準確，如果非要加上個人意見的話，那就必須標注清楚。

- **全面：**如果溝通不是全面和完整的，那傳達出來的意思可能就會完全不同、天壤之別。「差之毫釐，失之千里」的道理大家都懂，所以在團隊中的溝通，應該多使用一些比較準確和肯定的字眼，避免理解上的誤差。
- **主題：**在團隊中，無論你想要傳達的是什麼，你都應該有中心、有主題，這樣別人接收起來就會比較有重點，能夠明白你到底需要他們做什麼。而現實中，常常有些人說話含糊，繞了一圈都不知道他想要表達什麼，最後只能靠臆測；像這樣沒有主題和中心的溝通是失敗的，也是不可取的。

每個團隊都有自己的風格，所以在溝通上也會有自己的側重點。比如有些團隊中年人比較多，他們就喜歡面對面的方式溝通；而年輕人較多的團隊則喜歡用一些通訊軟體來進行溝通。但無論是哪一種方式，只要能讓資訊在團隊中準確、全面的傳播，這個溝通方式就是好的。

在資訊化的時代，溝通已不再侷限於會面及書信，還有很多不一樣的方式。而每一種溝通方式都有自己的優缺點，你要根據這些優缺點進行整合、調整，才能使整個團隊的溝通無障礙。

1 會議

會議是相當常見的溝通方式，團隊幾乎都會使用這種方式進行交流。其優勢在於溝通時會非常的正式和嚴謹，但缺點是溝通時會比較刻板，不容易在過程中得到最真實且最直接的資訊。

可以說，每個團隊都習慣使用會議進行溝通，但溝通的效果卻不是最好的。因為團隊在舉行會議的時候往往過於嚴肅，會把主管的職能過度強化。所以員工在開會時，會覺得自己是在對主管報告工作事項，主管的情緒反而容易影響到他們；只要他稍微皺眉，大家就會膽戰心驚，不敢說出自身的意見。其實員工不只是對主管負責，更應該要對整個團隊負責，只要說得是對的，能提出對團隊有建設性的看法，就要敢於與主管溝通。

2 文書

文書也是團隊溝通中非常重要的一種表現方式，因為文字具有比會議更嚴謹的特點，在表述上能夠更加詳細、精確。但透過這種方式會比較單一，可能是上對下的命令，也可能是下對上的彙報，缺少時效性。

文書在回饋上雖然會比別的方式要慢一些，但這也是它的優勢。在傳達自己的意思之後，讓接收者有思考、消化的時間，這樣他們的反饋才能更清楚、理性。

文書的使用一般具有肯定性和命令性的，能起到告知的作用，所以書面的形式在溝通中會較為正式和嚴謹，因此在文書下達之前，團隊會經過詳細、全面的考慮，讓結果更具科學性和正確性。

3 聊天

作為領導者，若想透過溝通瞭解團隊內部的情況，就必須先學會聊天；你可以在任何地點與員工暢談，而且聊天的內容越隨意，越容易獲得最佳的溝通。但聊天時要注意言辭和語氣，不要破壞溝通最初的目的。

聊天是領導者最容易獲取一手資料的方式，在聊天的過程中，員工容易卸下心中的防備，讓溝通內容更加真實；但聊天是一種不太正式的溝通模式，只適用於調查、瞭解等方面。不過在回饋方面卻有著優勢，雙方沒有過多的防備，所以得到的回饋會較自然、真實，領導者也能在聊天的過程中，真切的感受到團隊成員的反應。

且聊天的方式也不僅限於面對面，你可以使用電話、短信、通訊軟體……等等。雖然上述這些可能無法及時得到對方的回饋，不能透過表情、動作、眼神等來判斷資訊的真假，但卻能夠提供更多的空間來修飾自己聊天的用詞，讓員工心裡較沒有壓力。

4 聚會

透過聚會，可以讓團隊成員完全地放鬆下來，減少對溝通的戒備；但是這種溝通方式不可能經常出現，畢竟團隊不會每天都出去聚會。而成功的聚會能強化團隊的凝聚力，因為在整個聚會中，聊天的內容不僅侷限於工作，彼此可以聊聊生活、朋友、興趣等等，所以在溝通的過程中能夠放鬆心情，談起話來會更隨興。

但透過聚會來進行溝通不會有非常明確的主題，因為大家都是閒聊，內容不一定符合你所期望，所以聚會較適合拿來與團隊成員進行感情的交流，讓彼此關係密切，合作上能更融洽。

5 集體活動

集體活動不必和工作有直接的關係，主要是增進團隊間的感情，在溝通上也會比較真摯。且集體活動通常會有一個明確的主題，大家比較容易圍繞這個主題展開談話。

其作用是增強大家對團隊的參與感，藉由活動培養默契，達到更有效的合作關係。且集體活動有具體的目的，所以在溝通的過程中，每位成員會不自覺地朝著活動目的討論；也就是說，若你的目的是增強團隊的合作，那麼在設計活動時，你就要偏向團隊合作這個主題，達到最終目的。而且集體活動能馬上得到回饋，大家對活動的滿意度，溝通的效果如何都很容易在過程中展現出來。

沒有一種溝通方式是最好、是絕對的，應該是要適合這個團隊的風格；每個團隊都有自己的文化和性格，只要溝通方式符合團隊性格且員工都能接受，那這就是最好的溝通方式。就像與人交往一樣，對於直腸子的人，你可以有話直說，不用拐彎抹角；但對於含蓄婉轉的人，你就要多一些考慮。團隊成員之間的溝通既要像家人之間親切和真誠，又應該帶有尊重和嚴謹。簡言之，任何的溝通方式都應該建立在真誠和尊重上，才能讓團隊發展得更長久。

如何建立良好的團隊溝通氛圍

團隊就像人一樣，會因為自己的行為給周圍的人傳遞出一種資訊，進而形成自己的觀感。譬如，有些人態度親切，有些人感覺嚴肅，有些人則感覺樂觀……這所有的感覺，其實都是個人在日常行為中營造出來的氛圍。團隊也是如此，如果你營造的團隊就是一個能夠接納別人意見和建議的隊伍，那麼團隊中的成員在溝通上只會越來越暢通；相反地，若團隊較為沉悶、沒有互動，那團隊的氛圍只會越來越嚴肅，成員則可能越來越沉默。

溝通氛圍說到底是大環境對於個人的影響，如果團隊大多數的人都可以把資訊的傳遞和回饋做得及時且真實，那麼溝通較不順暢的人，就會被團隊氛圍影響，迫使他們將資訊傳遞完整，久而久之，整個團隊的溝通就會零障礙、十分暢通。但如果團隊中的溝通氛圍不是那麼良好的話，反而會把那些想要表達的人壓抑住，一旦團隊成員開始認為說不說都無所謂時，溝通就變成了奢侈品，要讓大家開口就很難了。

而在營造溝通氛圍的時候，其實需要領導者先做一些建設，讓整個團隊渴望溝通，那溝通前需要哪些建設呢？

- **共同的心理基礎：**團隊和成員之間是一種休戚與共的關係，一榮共榮，一損俱損；團隊利益和成員利益是緊緊相扣的，如果大家都有這樣的共識，那麼彼此在進行溝通、理解時，就不會抱有任何私心，一同成就團隊和個人的利益。

- **由下而上的溝通：**如果一個團隊的溝通只存在上對下的模式，那麼這個溝通機制和建設是有缺陷的。員工做為最前線，每天為團隊賣命，對於工作的感受是最真實、最直接的，如果他們不能放心大膽的與主管進行溝通，就可能導致你做出一些不切實際的決策。而且由下而上的溝通能給團隊成員安全感，讓他們沒有顧慮，也讓領導者在決策時能夠參考多方的意見。
- **制度執行力：**很多團隊已經制訂出非常完善的溝通管道和機制，但就是無法實行。這是因為領導者的行為常常打折扣，讓員工對團隊制度沒有信心，形成少說少錯，不說不錯的局勢。
- **重視第一次：**很多團隊領導者一定常常疑惑：為什麼員工有問題不來找我？其實是你無意間的舉動或話語造成這樣的結果，但你不自知罷了。起初可能有員工來找你溝通，但如果你那時沒有處理好，讓員工有了這樣的前車之鑒，那還有誰敢站出來與你說話呢？

人和人之間的溝通需要建立在一種互相的氛圍之上，而領導者有責任和義務維護團隊間的氛圍。一個人在團隊中需要物質利益，也需要精神利益；這種精神利益是透過自我努力，而得到別人的肯定和尊重。且這一切的實現都必須建立在一個公平的環境中，給予每位員工安全感，可以看得到自己的利益。

所以你必須建立起完善的溝通管道，讓員工有信心、有安全感，這將會促進團隊彼此間的溝通，建立起科學的溝通氛圍。

1 上級開放制

無論員工在工作中遇到什麼樣的問題，都可以找主管反應。所以你必須將自己的電子郵件、電話提供給大家，讓員工有問題的時候可以跟你反應、詢問，讓他們有被重視的感覺。而且在處理員工反映的問題時，應該給對方一定的承諾，並積極處理；待問題處理完以後給予一個反饋，讓他得知處理結果，讓他有被尊重的感覺。

通常主管和員工之間很難有機會進行溝通交流，但透過上級領導開放制能讓領導者和員工之間開拓一條快速通道，把互相溝通變得近在眼前。上級開放制是一種新型的溝通方式，讓整個團隊合作無間，破舊立新，消除上級訓話，下級聽話的傳統模式，為整個團隊的溝通加上友好、平等的氣氛。

士氣有正有負，如月有陰晴圓缺；若員工有怨氣得不到抒發，也會導致團隊氣氛緊張。沃爾瑪（Wal-Mart）為此專門設置了「向上」溝通的管道——「門戶開放」政策，這項政策的目的是讓員工心裡有不滿的時候，可以直接向高階主管進行溝通，比如透過總裁信箱、總裁熱線、人事總監熱線、區域總監熱線，當然他也可以選擇直接走進高階主管的辦公室，向主管訴苦，表達自己「糟糕的心情」，還不用擔心遭到當事人的報復。另外沃爾瑪還有「草根會議」和「人事面談」等措施，這是由人事部管理層發起的一種溝通方式，相關主管不會在現場且絕對保密，能夠瞭解員工對企業及主管的看法。當然這些越級溝通方式並不會得到跨級主管的直接裁決，但他會提供中立、不偏頗的意見讓員工和其直屬主管親自解決，且他提出承諾，表示會對提出申訴的員工進行「持續的關注」，直到對方得到滿意地結果。

交流平台

團隊應該建立一個內部交流平台，無論是LINE、WeChat或是Messenger，這些都是非常好用的平台。或許員工對主管有一定的顧慮，那不妨透過網路來消除彼此的心理障礙；而在平台溝通上，他們可以選擇匿名或是實名制，減少心理的負擔。

但領導者在平台的使用管理上就要非常嚴格，否則交流平台反變成抱怨平台，甚至產生人身攻擊，這些都不利於團隊有效地溝通。發現問題後，你要做出及時的回應，馬上進行處理，並公佈處理的結果，儘量把交流引向健康的方向。在團隊中，交流平台常常會變成謾罵、抱怨、吐槽的平台，過多的負面情緒不但對緩解壓力沒有任何好處，還可能導致更多的壞情緒在團隊中萌芽，所以主管應該為員工建立一個能抒解壓力的空間，且做好平台的把關。溝通的初衷是希望團隊能實現有話就說的氛圍，讓大家傳遞正能量；若溝通變成彼此間的人身攻擊，那麼這個平台的副作用將會大於積極的一面，達不到有效的交流。

3 建議分享

團隊成員的建議通常較為零散，不具有系統性和整體性，但卻能真實反應團隊的問題；所以你可以定期讓員工進行意見分享。如果建議被採納，領導者應該給予表揚和獎勵，鼓勵員工勇於提出建議，發表個人意見。

基層的員工面對的是工作中最基礎的部分，他們看到的問題會較客觀和實際，所以透過分享意見和建議，反而能夠讓團隊間得到更好的溝通。但分享的過程中，可能會涉及到很多敏感的話題，因此你要從中傳輸正確的觀念給他們，不僅鼓勵他們多說還要敢說，這樣才能讓團隊形成真正良好的溝通氛圍。不要給員工壓力，讓他們不用顧及發表的後果，給他們一個寬鬆、自由的空間，說出內心真正的想法。

4 建立申訴管道

員工如果遇到不公平的待遇或不符合公司規定的對待，要有能夠直接向主管反應的管道。讓團隊成員瞭解：透過溝通可以保障自己的權益不受侵害。從而鼓勵他們積極溝通，反應問題。

很多人有問題不敢說，是因為團隊的垂直溝通出現了問題。若能建立申訴管道，就可以從本質上解決這個問題，將滿腹苦水直接跟主管申訴，這樣不僅可以讓你看到基層的情況，還能讓員工看到希望，不再有冤無處申。這些管道的建立雖然不一定能帶來什麼大改變，但從員工的角度來說，這會建立起他們對團隊溝通的信任感，讓他們明白，團隊希望聽到他們的聲音，他們說的話會有人回應！

5 以結果來鼓勵員工

團隊中，有很多人不敢說出自己的意見和建議，也不敢和領導者溝通，通常是因為有前車之鑒。一個群體，總有人願意做出頭鳥，但如果出頭的結果不是受到處罰就是離職的話，之後誰還敢隨便說話呢？

同理可證，領導者若想建立起暢通的溝通氛圍，也可以試著從「先例」下手。找一名基層員工來和你演一場戲，進行良好且高調的溝通狀況，無論結果如何，都給予這位員工極大的獎勵；而其他員工看到這樣的情況，自然會對團隊溝通的氛圍充滿信心，願意嘗試和同事以及主管溝通。但你要記得，起初引導的時候你是在做戲，實際溝通的時候要抱著真誠的心態，這樣才能讓團隊溝通氛圍具有持續性。

想建立起團隊成員充滿信心的溝通氛圍，就必須落實到自己的執行力上。如果對於員工的反映，你只是聽一聽，看一看，不實際解決問題，員工怎麼會對團隊充滿信心，你要怎麼建立溝通管道？所以，要讓團隊有溝通的氛圍，最重要的還是領導者要落到實處，真正執行起來才能得到團隊成員的認可。

 盡可能採用簡易的溝通方法

溝通中，我們最好盡可能採用簡易的方法來增進彼此的瞭解與聯繫。隨著企業規模的擴大，為了便於管理，需要設立獨立的各個團隊；而團隊要成為一個有機的整體，彼此之間的溝通就顯得非常重要，但在實際的管理中，團隊之間的溝通往往會遇到很多障礙。有間公司找到了一種極為管用又簡單的方法，來增進各部門間和員工之間的聯繫與溝通——「餐桌溝通法」。

這家公司是西諾普提克斯通訊公司，它專門生產配套的電腦系統。有一次，生產部門的主管由於無法忍受其他部門反映交貨太慢，於是他對工程師組裝耗費過多時間而抱怨，這件事引起了公司總裁安德魯．拉德威克的注意。

他為平息這位主管的怨氣，特別請這位主管和一位工程師與他一同用餐。用餐時，總裁讓他們兩人直接溝通，討論如何加快電腦的組裝，席間，他們確實討論出解決的辦法，找出簡單又快速的組裝方法。而拉德威克受到這次用餐協商成果的啟發，想出一種「餐桌溝通法」，他認為這才是能實際解決問題、增進團隊溝通最簡便的方式。

之後每季，公司都會在交誼廳內擺出五張餐桌，請來兩個相關部門的成員共享豐盛的午餐。當然，用餐並不是主軸，主要目的在於讓他們透過用餐的時間，找出解決問題的辦法。且事實證明，「餐桌溝通法」是富有成效的，很多複雜的問題，都能在餐桌上迎刃而解；相較於部門間的會議，餐桌溝通法更能讓員工暢所欲言。

另外還有一種常見的溝通方法就是「走動式管理」，這是企業經常採用的管理方法之一。所謂「走動式」，就是主管透過現場巡視，從中發現問題點，並直接解決問題。

一般企業都十分重視走動式管理，只坐在辦公室打電話、聽彙報、發佈命令的領導者已越來越少。他們將「走出辦公室」作為自己的管理基礎，不

僅以身作則，在生產一線巡視，還嚴格要求底下的中層領導者也「走出辦公室」，到基層去辦巡查、辦公。

阿爾科公司的總裁鮑伯·安德森就是「走動」成癮的代表人物。他除了自己「走動」外，還會檢查員工們是否也在「走動」。在他「走動」的過程中，會隨機打電話給某一部門，若部門主管恰巧接起電話，他就會十分生氣，對這位不積極「走動」的主管感到失望。

美國聯合公司董事長埃德·卡爾赫上任前，聯合公司的業績委靡不振。所以，卡爾赫剛到職就直奔基層單位，向現場工作人員提出許多問題並詢問他們工作時碰到甚麼問題，請他們當場做詳細回答。但他不會直接命令基層員工做事，除非事關安全的問題；他也不會當場糾正，或要求員工改善他的不滿跟任何錯誤，因為他要按照正常程序來解決公司的問題。

從現場回到總部之後，他隨即採取行動。他擁有很強的決策能力，能讓整個指揮鏈的各個單位馬上知道他發現甚麼問題，並且要求他們立即解決。然後，他會與之前和他談話的基層員工聯繫，讓他們知道公司已經採取什麼樣的措施進行改善。而他也與其他相關的人員聯繫，讓他們認真視察，確保新辦法有效的執行。由於卡爾赫善於溝通，並深入一線解決公司各環節的問題，聯合公司的業績因此蒸蒸日上。

「走動式管理」能讓團隊的領導者確切瞭解實情，發現各種問題並直接聽取員工的意見，採取有效的措施改善，且上下級關係會更加密切，讓管理不偏離「航線」，實現管理的最終目標。

3-4 激發團隊成員的良性競爭

競爭是大自然的生存法則，也是現代團隊管理的重要原則，任何人都知道，如果一個團隊內部沒有競爭，那麼團隊就欠缺與外部競爭的能力；而如果團隊內部存在一定的競爭氣氛，就能快速且有效地激發員工士氣，還能提升員工的創造力並完善他們的職業精神。

給每位員工充分競爭的機會

心理科學實驗證明，競爭可以增加一個人 50% 或更多的創造力。每個人都有上進心、好勝心，擔心落後其他人，所以競爭是激勵員工進取最有效的方法。沒有競爭，就沒有活力、沒有壓力，那麼對團隊還是對個人，都不能發揮其潛能。

查爾斯．施瓦布（Charles Schwab）是美國著名的企業家，他有一間工廠的員工總是達不到目標績效。該工廠的主管們無所不用其極，用盡所有的方法——勸說、訓斥，甚至以解雇、威脅都無濟於事，他們依舊達不到績效。鑒於此，施瓦布決定親自前往處理此事。

施瓦布在主管的陪同下到工廠進行巡視。當時正好是早班員工下班、晚班員工交接的時間。施瓦布詢問其中一位工人：

「你們今天煉了幾爐鋼？」

「5 爐。」

施瓦布聽了工人的回答後，一句話也沒說，拿起筆在佈告欄上寫一個「5」就離開了。

待晚班工人上班時，看到佈告欄上的「5」，感到很奇怪，不明白是什麼意思，於是去問門口警衛，警衛將老闆來視察並寫下「5」的經過詳細地講述了一遍。

隔天，早班工人看到佈告欄上寫了一個「6」，他們心裡很不服氣，認為晚班工人並不比他們強，知道早班煉了5爐鋼，就故意比他們多煉1爐，這不是明擺著給早班難看，讓大家下不了台嗎？於是，大家一股腦地投入工作當中，到傍晚下班時，他們在佈告欄上寫下了一個「8」。

智慧過人的施瓦布用他無言的挑戰，激起了員工之間的競爭。後來，該工廠最高的日產量竟高達16爐，是過去產量的3.2倍。又過了不久，這間始終落後的工廠的產量很快就超過了其他廠房。

施瓦布利用人「好勝」的本性，巧妙地解決了該廠達不到目標的難題，讓工人們自動自發的改善工作積極度，而最終的受益者可想而知。

在員工之間形成競爭的目的是要激勵他們，做到人盡其才，發展團隊整體的績效。為此，領導者必須為員工提供競爭的條件，給每位員工充分競爭的機會。這些機會包括人盡其用的機會、將功補過的機會和教育訓練的機會，以及獲得提拔的機會等。因此，在團隊管理中，你必須堅持以下三個原則，保證每位員工都能獲得公平競爭的機會。

1 機會均等原則

不僅是在競爭面前人人平等，在提供競爭條件上也應當是人人平等；而這些條件通常是指物質條件、選擇的權利等。

2 因事設人原則

在一個團隊裡，由於受到事業發展的約束，競爭機會往往只能根據業務發展的需要而定。而領導者應當為員工鋪設競爭的道路，並注意他們是否走在正確的方向，讓團隊能夠藉由員工彼此的競爭，不斷地發展壯大，兩者皆受惠。

3 連續原則

連續原則，是指機會既不能是「定量供應」，也不能是「平等供應」和「按期供應」的給予，而是在工作過程中不斷地給予員工，使其在努力完成了一個目標之後，接著就有另一個新的奮鬥目標。換言之，就是讓員工在任何時候都能透過競爭，來實現進步的機會。

為員工設定競爭對手，令其主動展開競爭

每個人都希望能夠出人頭地，都想站在比別人更高的位置上。從心理學角度來說，這種心理就是自我優越感的潛在欲望；有了這種欲望，人們就會積極成長，努力向前。且這種自我優越的欲望，如果出現特定的競爭物件時，想超越對方的意識就會更加明顯、強烈。

不服輸的競爭心理人人都有，強弱則因人而異。即使有人的好勝心再弱，他的心中也會有一份競爭意識。

明白了這一點，團隊領導者只要妥善利用這種心理，並替員工設立一個競爭的物件，就能在團隊內部形成競爭的「小氣候」。只要讓員工知道有競爭對象存在，就能夠輕易地激發出他們工作的積極度，從而使他們主動展開競爭，那麼團隊工作的效率自然就會提高。

納德在管理自己的員工時，就成功地使用了「設置競爭對手」的激勵方法。有次，他對一位很努力的資深工人說：「卡洛斯，我吩咐你做的事情，為什麼這麼長時間才做出來呢？你怎麼不能像鐘斯那樣

快呢？」

然而，面對鐘斯時，他卻換了個說法：「鐘斯，你做事為什麼不能以卡洛斯為榜樣，像他那樣有效率呢？」

不久以後，鐘斯從外地出差回來，看到納德留下一張紙條叫他完成一個鑄件，然後送到鐵道開關及信號製造廠去，而鐘斯當天就把這件事辦好了。

隔天，納德在製造廠裡看見了鐘斯，便問：「鐘斯，你看見我留下的紙條了嗎？」

「看到了。」

「你什麼時候去鑄呢？」

「我已經鑄好了。」

「啊？這是什麼時候的事情啊？你真的已經做好了嗎？」

「是的，我已經鑄好了。」

「那鑄件現在在哪裡啊？」

「我已經將它送到製造廠了。」

納德聽了欣喜若狂，因為他找到了一個激勵員工提高效率的好方法，他也為這種方法如此高效而感到驚訝；且對於鐘斯來說，納德的嘉許讓他備受鼓舞，覺得老闆很欣賞自己。

在上述的案例中，納德成功地使用「設置競爭對手」的方法，激勵了鐘斯的工作熱情。

競爭意識其實是人們渴望被認同、渴望卓越的表現。領導者要充分利用員工的這種競爭意識，有目的性地為他們設立競爭目標，讓他們與自己內心的設計相符，從而不斷激發他們的潛能，為團隊做出更大的貢獻。而在具體實施時，你可以參考以下做法。

1 做好職位儲備，讓員工時時感到競爭的壓力

給每位員工公平競爭的機會，即每個職位都要有一個或多個「備份」，不能一個職位只有一個人做。要讓員工時時感受到競爭的壓力，使他們存有一個意識，若想比競爭對手做得好，就要付出加倍努力。

2 向特殊員工暗示競爭對手的存在

如果某位員工工作不積極，但因為其身分特殊，不好直接給他設立競爭對手，你不妨用言語來暗示，讓他知道競爭對手的存在，從而激發他努力工作。

3 引入外來競爭對手

當競爭對手不容易找到時，你可以擬設一位競爭對手讓員工彼此競爭。例如跨部門設立對手，或尋找同職位的兼職人員甚至招募新員工等。

4 用裁員威脅逼迫員工主動展開競爭

若團隊的績效不慎理想且員工的工作態度消極，不妨向他們挑明團隊縮編的打算，讓他們自發性地展開競爭。但使用這一策略時，你要根據團隊的實際情況謹慎為之，不可草率行事反造成整個團隊瓦解。

避免團隊成員之間的惡性競爭

雖然競爭是領導者管理團隊的一個重要手段，但如果施行不當，反而會引起員工之間的衝突，影響到團隊日常的運作。

領導者在引入競爭機制時，要認真地分析哪些競爭是良性的，促進團隊積極向上；哪些競爭是惡性的，可能摧毀團隊的力量。另外，你要避免錯誤導向，積極引導員工參與到良性競爭當中。

1 適度引入競爭

競爭能夠提升團隊的士氣無庸置疑，但凡事過猶不及。若過度強化競爭或引入競爭項目，很可能會使團隊成員間彼此爭鬥不休，演變成「不達目的，誓不罷休」的局勢，從而嚴重影響團隊發展和任務的執行。

一位經理在主管研討會上聽到講師提及「鯰魚效應」，深受啟發。回到公司後，他馬上應徵了八位新員工加入現在的團隊中。結果，反而讓資深員工認為老闆要「大換血」，招募新人明擺著是對他們下「逐客令」，於是有不少員工相繼提出辭呈離職。

這位經理一味地追求競爭的效果，結果造成團隊整體的波動，不僅沒有促成競爭，反而影響團隊成員的情緒。其實，我們所引入的「鯰魚」，只要能讓員工警覺，並能激發其積極性就足夠了。

2 宣導在競爭中合作

××超市營業部的經理很注重團隊的競爭氣氛，將績效考核細分到每季、每月甚至是每週，而且每次都會為員工的考核結果排名次。

某次，有位客戶怒氣沖沖地闖進了經理的辦公室，因為他新買的電動刮鬍刀才用半個月就不能用了。經理得知後，妥善處理了這位客戶的問題，讓他滿意地離開。事後，經理詢問員工為什麼沒有及時處理此事。

原來，這位客戶本該由員工A接待，但不湊巧，這位客戶來的時候，員工A正好帶其他客戶去兌換獎品，當時只有員工B在。他知道這位客戶是A的客戶，認為和自己沒有關係，而且處理不好還可能帶來不必要的麻煩，浪費自己的時間，所以就沒有協助處理。

上例中的員工 B 明顯缺乏團隊合作精神，他清楚自己與員工 A 是競爭關係，但沒有意識到眼前的這位客戶是團隊的客戶，如果客戶投訴，影響的會是整個團隊的名譽。俗話說「覆巢之下無完卵」，領導者應杜絕這種將個人利益淩駕於團隊利益之上的行為，倡導員工在競爭中合作。對此，你可以採取以下方法。

- 明確的補位機制，從制度上促成員工之間的合作。
- 強調競爭的同時要保證團隊的利益，要求員工要在實現團隊目標的前提下展開競爭。
- 建立獎懲機制，對不配合的員工給予懲戒。
- 規劃各類團隊活動，培養員工的合作意識。

3 透過心理疏導預防和遏止不良競爭

為避免員工在競爭中不擇手段，領導者應創新獎懲制度，透過心理疏導來預防和遏止員工間不良的競爭行為。

而避免不良競爭，需要領導者在日常工作中關注員工心理的變化，並採取相對應的措施。

- 建立科學的績效評估機制，根據員工實際的績效來客觀評價員工。
- 鼓勵員工多溝通、多交流，有意見就要當面提出討論。
- 杜絕員工打小報告，一旦發現，領導者絕不能輕信一面之詞，要有效制止事態的蔓延。
- 及時清理「害群之馬」，如果有人危及團隊穩定，要予以嚴懲。

此外，你還可透過採取創新獎勵的方式，讓每位員工都抱有「透過正當競爭來戰勝他人」的正確心態，付出努力獲得更大的獎賞和晉升空間。

激起員工爭強好勝的欲望

每個人都有爭強好勝的心理，希望自己「比別人更重要」。而這種欲望能開發人的潛能，產生一種積極向上的力量。

前美國國務卿季辛吉博士（Henry Kissinger）總能在忙到不可開交的情況下，仍維持好工作的品質而聞名。一次，助理呈上一份企劃給他審閱，數天之後，該助理問他對這份企劃的意見。季辛吉和善地問道：「就你的能力範圍而言，你認為這已經最完美的企劃了嗎？」

「嗯……我在這份企劃上確實花費了相當大的工夫。」聞言，助理有些不悅的回答。

「好，但我相信你再稍微調整的話，一定能做得更好。除了你，我想沒有其他人能勝任這份任務，難道你不希望將它做得完美無缺嗎？」季辛吉充滿期待，熱情地對助理說。

助理頓時眉開眼笑地說：「是呀，這份企劃也許還有一兩點可以再改進一下……這裡可能要再說明仔細一點……」

之後助理走出了辦公室，腋下挾著原先那份企劃，他下定決心要寫出一份任何人——包括亨利．季辛吉都肯定的「完美」計畫書。

這位助理連續加班了三週，有時候還直接睡在辦公室。終於完成後，他得意地將企劃交給季辛吉。

當他聽到那熟悉的問題——「這已經是最完美的企劃了嗎？」時，他自信地回道：「是的，國務卿先生。」

「很好，」季辛吉說，「感謝你辛苦的付出。」

「爭強好勝」體現的是一種競爭心理。所以，若你想把競爭機制真正在團隊中建立起來，就必須先做到以下兩點。

誘發員工的「逞能」欲望

員工都具有一定的能力，其中有些人願意並希望能夠一試展身手，表現出自己的才能；有的員工則因為種種原因，表現出一種「懷才不露」的狀態。而身為領導者，你又該如何誘發員工「逞能」的欲望呢？做法通常有以下兩種：

- **物質誘導的方法：**即按照物質利益的原則，透過獎勵、待遇等，促使員工努力工作、積極進取。
- **精神誘導的方法：**這其中又分為以下兩種情況：其一是事後鼓勵，比如在員工完成一項任務後給予表彰或褒獎。其二是事前激勵，即在交給員工任務前就先給予適當的刺激或鼓勵，使他們對該項工作產生強烈的欲望想完成。這樣一來，其必然會被成功的意識所支配，從而樂於接受任務，並竭盡所能完成。尤其是對那些好勝心或者進取心較強的員工來說，事前激勵比事後獎勵更有效果。

而事前激勵一般有兩種做法：一種是正面激勵，一種是反面激勵。前者是指從正面予以勉勵，並向其清楚說明事後獎勵的政策；後者就是常見的「激將法」，由於這種做法對人的尊嚴和榮譽感有著強烈的刺激，所以一般情況下都能達到激勵目的。

2 強化員工的榮辱意識

榮辱意識是員工競爭的基礎條件之一，但每個人的榮辱意識各不相同，有的人榮辱感非常強烈，有的人則比較弱。因此，領導者在啟動競爭機制時，必須先強化員工的榮辱意識。

強化榮辱意識，首先要激起員工的自尊心。自尊心是每個人重要的精神支柱、進取的動力，而且與榮辱意識有著密切聯繫。一旦員工失去自尊心就容易變得妄自菲薄、情緒低落，甚至鬱鬱寡歡，從而影響對工作的積極性。

但事實上，並不是每個人都具有強烈的自尊心。一般員工自尊心的表現，大致可分為三種類型，即自大型、自勉型和自卑型。

- **自大型：**他們的榮辱感極強，甚至表現的只能受「榮」而不能受「辱」，而且他們的榮辱感往往帶有強烈的嫉妒色彩。對於這類員工，領導者應加以正確引導，以防止極端情況發生。
- **自勉型：**這類的人榮辱意識比較強，所以對於這種員工，只需要稍加引導就可以。
- **自卑型：**這類型的員工，必須透過教育、啟發等各種辦法來激發他的自尊心，尤其要引導其認識到自身的能力和價值。

強化榮辱意識還必須明確榮辱的標準，究竟何為「榮」，何為「辱」，要讓員工有一個明確的認識。現實中，榮辱的區分確實存在問題，比如說，有的人對弄虛作假嗤之以鼻；有的人把它當成一種能力；有的人則認為直言直語是忠誠老實的表現；有的人更把它看作是無能的表現。所以，你應當幫助員工樹立正確的榮辱觀念。

此外，強化榮辱意識還必須在工作的過程中具體地表現出來，讓員工看到進者榮、退者辱；先者榮、後者辱；正者榮、邪者辱。只要增強員工的榮辱意識，他們的工作積極度勢必會提升。

3-5 員工教育訓練 對團隊是高報酬的投資

很多人都認為，教育訓練是公司提供員工的福利；其實，建立學習型組織和合理的訓練機制，最大的贏家是企業本身。因為訓練並不僅僅是 1+1=2 的過程，而是為了打造出一支具有高效的優秀團隊，讓團隊釋放出驚人的能量，體現出 1+1>2 的力量。

讓每位員工都有學習的機會

國內一家知名諮詢公司曾提出這樣的業績定律：業績的背後是團隊，團隊的背後是文化，文化的背後是心態，心態的背後就是訓練。

聯想（Lenovo）輝煌的成就就是來自於不斷地創新和打造「學習型團隊」，在人才的教育訓練中，他們創造了其獨特的體系。而聯想面對日益的發展和競爭加劇的局面，領導者訂定出教育訓練這一重要的策略，希望透過訓練，為員工規劃階段性的學習方針，從管理、參與到實際演練等方面逐步提升、成長。公司一方面對人才進行審查，另一方面也提供他們發展的機會，將適合的員工安排在重要的位置上；且透過教育訓練提升員工，一旦他具備了技術優勢、應變力、時間管理能力和協調溝通能力，並能夠為公司利益作出個人的奉獻時，公司就進一步培訓他成為中階主管。所以，聯想的主管平均年齡不到四十歲，組織結構非常年輕，公司充滿了活力。

聯想的人才訓練計畫從員工到職的那一天就開始啟動，教育的內容涵蓋了企業文化、業務技能、交流能力和管理能力等各個方面，保證了員工知識、技能和管理能力的提升。

世界上著名企業全都離不開「學習」二字；美國排名前二十五名的企業中，有 80% 的企業是按照「學習型團隊」模式來進行管理，也有很多企業透過創辦「學習型企業」帶來蓬勃的生機。俗話說：「給人一條魚，只能讓他得到一次的溫飽；倘若你教他釣魚，能使他一輩子都不會餓死。」所以，作為領導，你不但自己要會釣魚，還要教會員工釣魚；建立一種輕鬆和諧、相互學習、團結協作、分享創新的氛圍，使整個團隊成為一個學習型的團隊，這樣才能讓團隊在競爭日益激烈的市場浪潮中立於不敗之地。

善於學習，是讓組織立於不敗之地最根本的根基。美國未來學家阿爾文·托夫勒（Alvin Toffler）說：「未來的文盲不是不識字，而是不知道如何學習的人。」構成現代人才體系的三大能力：學習能力、思維能力和創新能力中，學習能力被置於首位，是最基本、也是最重要的，沒有善於學習的能力，其他能力也就不會存在，很難具體的執行各項事務。團隊也是如此，不懂得學習或不會學習的團隊，永遠不可能擁有超強的競爭力，競爭實質上就是指學習力的競爭，唯有不斷的學習，團隊才能長盛不衰。

重視教育訓練這種高回報的投資

團隊的競爭歸根結底就是實力的綜合競爭，關鍵在於人才競爭，人才已然成為現代競爭的核心要素；而人才的價值集中在其積極的態度、卓越的技能和廣博的知識上。但由於科技的高速發展，每個人的知識和技能又同時被迫迅速老化，需要及時更新。

著名管理學教授沃倫·本尼斯（Warren G. Bennis）說：「員工教育訓練是風險最小、收益最大的戰略性投資。」這句話闡明現代教育訓練對於團隊的重要意義。

教育訓練雖然僅僅是團隊人力資源管理的一部分，但在增強團隊實力中卻是重要的關鍵，它也逐漸演變為團隊戰略實施中不可或缺的環節。科學的訓練會不斷地提高團隊成員的個人技能，促進他們適應技術和經濟環境的飛速變革，並提高其處理更新、完成更具挑戰性任務的能力，為團隊戰略目標的實現奠定堅實的基礎。

戰略決策是團隊行動的綱領，戰略的制訂與實施取決於人才的能力、技巧和知識，也就是說，人力資源的競爭才是團隊戰略管理的主軸。現今，團隊戰略決策比以往都依賴於團隊管理人力資本的能力，而獲得人力資本增值最直接的途徑就是教育訓練。團隊若想搞好教育訓練，就必須站在戰略的高度來構建科學完善的訓練體系，確保員工在工作中不斷地增強知識和技能，並與團隊的整體目標完美地結合在一起。努力為員工提供發展的空間，並保證訓練內容有足夠的靈活性，允許其不斷地成長和學習，這樣人力資本才能得到更全面的開發和利用。

遺憾的是，很多領導者並沒有意識到這一點。不少企業對員工採用「榨取」的方式，讓員工的能力不斷輸出，卻不給予任何教育訓練來補給。要知道，沒有輸入怎麼會有輸出呢？沒有高品質的訓練哪來高品質的產出呢？這或許就是某些企業在招募員工時，總要求應徵者是知名大學畢業的原因吧。他們一味地要求員工提高工作效率、提高產品質量；殊不知，一個只有迂腐知識和技能的團隊，產品品質如何能夠超過固有水準，生產效率又如何能夠得到提高呢？

愛森公司是一間廣告代理商，該公司為員工開設了「午間大學」，主要是舉辦一系列內部研討會，邀請外面的專家親臨講授，涉及的課題有直接行銷和調查研究等。此外，如果員工想藉由下班後的時間攻讀更高的學位，學程與工作內容又有相關，且能夠交出亮眼學業成績的同仁，公司將全額資助學費。

該公司的行政總監傑佛瑞說：「我們將公司收入的 2% 投入員工的各項教育訓練中，員工對此高度讚賞，因為這能替他們跟公司帶來更多的效益。」

給予員工教育訓練是領導者一項重要的工作，日本一些企業甚至明文規定，主管有教育員工的責任，並將主管是否有能力培養員工視為考察績效的一個重要指標。

松下幸之助是一位很看重員工教育訓練的企業家，他要求全公司的員工都要進行教育訓練；且新錄取的員工也必須進行職前教育訓練，合格後才能到職。

松下電器公司對培養人才的重視，使其每年支出的員工訓練費和研究開發費占總營業額的8%。有人說，在競爭激烈的國際市場中，松下電器公司贏就贏在其對人才的訓練上。

在現代團隊裡，年輕員工可說是團隊的新鮮血液，是團隊保持生命力的依託所在。因此，成功的領導者會很注重新進員工的教育，幫助他們迅速成長起來，盡快到團隊的第一線作戰，成為團隊的生力軍。

教育訓練可以留住人才、吸引人才，更可以開發人才，為企業和團隊創造不可估量的價值；若能真正重視員工教育訓練，對團隊和員工來說，都會是一個雙贏的好結果。

制訂有效的教育訓練

為保證教育訓練的工作能妥善順利地進行，你還要為團隊制訂訓練計畫，一份詳細、縝密的訓練計畫可以確保訓練工作的成效。那麼我們該如何制訂教育訓練呢？

1 明確訓練的目標

明確的訓練目標，可以讓受訓員工理解訓練目的，使員工的學習更有成效。同時，也可以針對性地安排教育訓練，也為訓練效果提供評價的依據。

（1）制訂訓練目標的原則

制訂訓練目標時，領導者一定要深思熟慮，多方考察，確保訓練目標的執行性。確定訓練目標時應掌握以下幾個原則：

- 每項任務都要設定表現目標，具有可操作性。
- 訓練目標要針對員工的實際工作任務制訂，且要很明確不能籠統含糊。
- 訓練目標應符合團隊的發展目標。

（2）訓練目標的內容

訓練目標應包括以下三個方面：

- 說明員工應該做什麼。
- 闡明員工可接受或可達到的績效水準。
- 受訓者完成指定學習成果需借助的條件。

2 確定訓練內容

訓練內容通常要圍繞工作任務和工作能力規劃。工作任務包括客戶服務訓練、銷售訓練等；工作能力則包括分析能力、決策能力等。下面列舉一些圍繞工作能力的教育訓練內容。

- **自我管理能力：**自我認知、時間管理、終身學習。
- **情緒管理能力：**壓力調節、情緒互動。
- **思維能力：**判斷能力、推理能力、處理問題能力。

- **溝通能力：**會議溝通、文件溝通、日常人際溝通。
- **管理能力：**任務管理、員工管理、流程再造。
- **領導能力：**員工激勵、績效管理、決策能力。

掌握上述內容後，你就要開始確定訓練的具體內容。因為職位的不同，內容的重要程度也會有所不同。我們可以將這些內容分為三個等級，如下表所示。

訓練內容等級分類表

等級	花費時間
必須的	80%
應該的	15%
可能有用的	5%

上表說明，規劃訓練時，應將 80% 的時間安排員工學習必須知道且熟記的重要內容；另外 20% 的時間安排學習可能有用的內容，但這部分內容非必要，如果沒有足夠的時間和精力進行訓練時，甚至可以考慮捨棄。

然後將訓練內容按邏輯順序排列，例如訓練內容為銷售技能，其第一步是什麼，第二步是什麼……等，通常有以下五種排序方法：

- 從「是什麼」、「為什麼」到「怎麼做」來排序。
- 從「確定問題」、「解決方案」到「付諸行動」來排序。
- 按照「事情大小」、「重要性」來排序。
- 按「時間順序」來排序。
- 從「一般情況」推論到「特殊情況」排序。

但需要注意的是，每一個都應符合邏輯，以確保員工理解訓練內容。

3 選擇訓練方法

教育訓練的成效在某程度上是取決於訓練方法。合適的方法能讓訓練事半功倍，反之則很難達到預期目標。

訓練方法有很多，每種方法各有優劣，若想選出適合的、有效的訓練方法，需要領導者從多方面進行考慮，包含：訓練的目的、訓練的內容、訓練物件的特點，以及團隊擁有的訓練資源等因素。而常用的訓練方法有以下六種。

（1）講授法

其操作方法如下：講授時要突出重點、難點；口齒表達要清晰且生動；配備必要的多媒體設備；講授結束要與員工進行溝通，用問答方式取得回饋。這種方法的優點是可以同時多人受訓，有利於員工接受新知識。但缺點也很明顯，訓練效果會因為講師的水準不一而產生影響，且如果課堂上雙方的互動性較弱，所學知識可能較不易鞏固。

（2）工作輪調法

其操作方法是：依據員工的能力、需要、興趣、態度和職位偏好來選擇輪調的職位；而輪調時間的長短，則取決於員工的學習能力和學習效果。這方法的優點是可以豐富工作經歷，增進員工對各職務的瞭解，擴展知識面。缺點是所學的知識易缺乏系統管理。

（3）工作指導法

其操作方法是：準備好所有用具並放置整齊，每位員工都要能清楚看見示範物，講師一邊示範操作，一邊進行講解及操作要領。並讓每位員工反覆學習操作，再給予回饋點評。這種方法的優點是互動性強，員工印象深刻，缺點是對講師的素質要求非常高。

（4）研討法

其操作方法是：員工根據討論的議題進行分組，講師說明討論的目的，控制討論的時間，過程中要確保大家討論方向的一致。而這種方法的優點是學習氣氛良好，也可增進員工彼此間的人際關係，但缺點是講師、學員水準可能會影響研討效果。

（5）案例研究法

其操作方法是：設計與課程相關的案例，說明要達成的目的後，進行分組討論，每組再分別講述各自的觀點，回顧並討論學習要點。而這種方法的優點是教學方式生動具體，直觀易學，讓員工的參與性強，缺點是案例通常不能滿足實際訓練的需求。

（6）角色演示法

其操作方法是：三人一組，一人觀察並給出反饋，其他兩人練習，再互相交換角色，整個過程中，要求每人發現三、四個優點和三、四個待加強的缺點。而這種方法的優點是能吸引員工積極參與，激發學習興趣，缺點是需要耗費很多時間和精力進行籌劃。

綜上所述，可依據實際需求，選擇適合員工的訓練方法。

Chapter 4

訂定遊戲規則，建立制度化的團隊

「大家做出努力之後有公道的回報，在利益分配方面比較公平；這是我們的訣竅。」

——熊曉鴿

Raise your leadership and make your team be better.

4-1 設立不可踰越的團隊規則

有規矩才可成方圓，團隊有規則才能成氣候。一個成功的團隊必有不可逾越的團隊規則，它是全體團隊成員的信條和行事準則，代表著團隊的極限、底線和邊防線。

最重要的是深入團隊的責任

對於一個團隊來說，責任感不僅僅是指團隊成員對工作的態度，還包括團隊對於成員的責任；將兩部分的責任都組合起來，整個團隊才能形成良好的責任意識。而且，這種責任意識要能夠深入團隊的每一角落，讓所有人都能在工作中感受並承擔起這種責任。

這兩部分其實是相互作用的，如果一方有缺失就會造成另一方的不滿，所以在建立團隊責任感時兩方面都要抓牢。那麼領導者對於員工責任感的建立應該怎麼做？

- **權責明確：**很多員工缺少責任心是因為他們不知道自己該做什麼，這份工作的責任在哪裡？所以團隊在運行的時候要把員工的責任和權利都明訂清楚，並訂出如果員工達不到要求，會有什麼樣的責任需要承擔。這樣團隊就有了明確的指標，能讓團隊成員有一定的壓力，迫使自己完成任務。
- **賞罰機制：**如果一個團隊沒有明確的賞罰機制，成員會認為他做得認不認真都沒有差別，那麼又何必認真去做呢？所以建立一個明確、科學的賞罰機制，從獎勵和懲罰的角度讓他們有責任感，也有利於形成團隊的競爭意識。

- **潛移默化：**把責任這種觀念強化到團隊的學習中去，讓團隊的成員能夠明白責任感的重要性。對於責任感的教育，千萬不可以想到就開會檢討，或是很多天都不提一下，責任感的建立需要不斷地強化和灌輸。
- **責任執行力：**團隊中會有這樣一類人，他們很有責任心，明白責任感的重要性，但工作績效卻始終達不到標準。對於這類的員工，他們需要增強的就不是責任感，而是執行力，讓他們的責任感落實到行動上才是關鍵。

提升員工責任感對於團隊責任感的建設還只是前進了一小步，最重要的是讓他們明白團隊和自己之間相對的關係，才能激勵他們為團隊負責。

而世上沒有白吃的午餐，沒有人能真正做到付出而不求回報，若要讓員工有責任感，首先就要團隊先付出，先付起員工的責任感，你才能進一步要求員工對工作、對團隊的責任感。

1 提供深造機會

員工的成長對於團隊來說，是非常重要的，如果不斷要求員工進步卻不能提供他們學習的管道，這時他們就會產生很多茫然，心中浮現很多的問號，不知道應該學什麼，不知道如何規劃學習和工作的時間。反之，如果領導者可以為員工提供學習深造的機會和管道，讓他們提升能力的同時又能為團隊效力，可說是一舉兩得。

而作為一個有遠見的團隊，不會在這方面有所顧慮。讓員工深造的目的一是可以提升員工素質，二是能讓員工感受到團隊對於他們的責任，且員工能力有所提高，自然會從更高的角度來看待這份工作、這個團隊，也能更理解團隊領導者的用心。

2 言傳身教

身為團隊中的領導者，擁有較多的權力，自然要承擔更多的責任。如果承擔責任的人不願意承擔，那責任感要如何傳遞下去呢？領導者應該從每一件小事就建立起良好的榜樣，而且責任感是具有感染力的，你的付出一定會得到員工的認可，並感染他們。

員工的責任感和使命感對於團隊來說是至關重要的，尤其是領導者，他肩負的是整個團隊的責任，是團隊中所有成員的生計。所以，作為一位主管，要把責任感融入到自己的一言一行中，嚴格要求自己，不斷地提醒自己應該負起的責任，才能讓團隊每位員工也將責任感作為工作的首要標準。

3 監督團隊

只要求員工有責任感還不夠，你要讓責任落實到行動上，因此，團隊需要一個更強而有力的監管制度。員工的責任是對工作執行的認真，監管則能讓團隊體現出對客戶和員工的責任感；對別人負責時更應該嚴格自己，所以監察也是針對員工疏忽、錯漏的一種補救方式。員工的責任感體現在他們負責的工作，那麼團隊的責任感則在於進一步要求員工自我監督，而不是僅要求他們認真工作。

沒有人想把自己的事業前途毀掉，所以沒有員工會故意犯錯，導致工作發生狀況，也就是說，員工在工作中造成的麻煩都不是他們故意的。所以一個負責的團隊，不僅要對員工負責，對消費者負責，更要對自己負責。團隊監督就是一個對自己負責很好的表現，如果不進行團隊的自我檢視，體現出來的就是這個團隊沒有責任心，所以團隊的監督是很必要。

4 保證員工的待遇

每位領導者都必須保證員工的待遇，但不是任何人都可以做到的。主管要以團隊成員的利益為己任，提高員工的生活水準，並且用這種責任加以鼓勵團隊進步。且最重要的是，團隊的責任感要得到落實，如果只是高呼我們有責任卻不行動，這就是一個騙局，而不是真正的責任感。

員工為團隊奮鬥和貢獻，他們用勞力換取報酬；如果你不能夠對員工的待遇負責，那麼這個團隊就是一個耍賴的流氓團隊。員工就像是團隊的父母一樣，不孝順父母的孩子將不會得到社會的認可和贊同。

對於一個團隊來說，責任就像是對別人的一種承諾，無論是員工的責任感還是團隊的責任感，都需要得到實現。如果人人都有責任感，那麼整個團隊就會不斷朝著良好的方向發展。

制訂效率原則，傳遞時間觀念

時間就是金錢，時間就是機會。在一個快速發展的社會中，效率和時間對團隊來說是非常重要的。團隊由員工和領導者共同組成，目的是要透過合作關係創造出效益，實現盈利；若團隊不能提高效率，就無法在競爭中站穩腳步，那接下來的後果可想而知。

團隊效率的提升，依靠的是每位員工的積極進取，在相同的時間內獲得更多的成果和利益；且對於團隊的成員來說，效率代表能提高工作運作的速度，減少時間的耗費。相信沒有員工願意加班，且如果加班的結果和沒有加班一樣，那團隊就應該思考為什麼會這樣。

- **權力與決策分析**：一個團隊的結構影響著團隊內部的權力分配以及決策模式，成功的團隊會妥善利用權力和決策來提高工作績效；績效較差的團隊則不會運用權力和決策來提升工作效率。而團隊的層級和資訊傳達的途徑若越多越複雜，整個團隊的效率也會越低下。

- **工作流程分析：**工作流程是影響團隊效率的另一個關鍵因素，工作分配是為了節約時間，但若操作不流暢反而會變成阻礙效率的元兇，所以流程優化可以大幅度的提高工作效率。
- **人為分析：**在所有阻礙團隊效率的因素中，員工的倦怠和消極是最不應該出現的，這反應出領導者的無能。在任何團隊中，都會有不積極工作，總想把工作拖延到最後才完成的員工；而你千萬不可以讓這樣的人在團隊中形成感染力，否則會不斷降低團隊的效率。
- **辦公用具分析：**工欲善其事，必先利其器；利用合適的辦公用具來工作，可以大大提高效率，所以適當的引進一些工具，對於整個團隊的工作效率會有非常大的提升。

在提高團隊效率這個問題上，是不是只要排除那些阻礙效率的因素就可以保證團隊效率的提升呢？其實沒有那麼簡單，效率若要提高，重點還是在團隊的管理和執行上。如果團隊的管理和執行無法達到標準，那麼效率一樣低下；領導者要有一些對應的措施來促使這些問題改善，那在提高效率上有哪些措施是有效果的呢？

明確目標，施加壓力

在生活中，誰都會想逃避壓力，但沒有壓力的生活反而讓人失去鬥志，失去前進的動力。團隊也是一樣，如果主管沒有給員工設定一些目標和要求，那麼他們永遠不會逼迫自己去承受壓力，也不會動腦提高效率。人的本性中存著惰性，但你可以透過制度的建立來去除成員的惰性。

領導者需要做的就是給整個團隊設定工作目標，但這個目標不能遙不可及、難以實現，最好是員工在一定的努力下就能夠實現。因為太高的目標會讓員工放棄努力的機會，而適當的目標則可以激發他們的鬥志，做出更好的成績；合理的目標則能激發團隊成員的積極性，讓他們面對困難也有能夠克服的熱情。

合適的團隊成員

對於需要提高效率的團隊來說，最好具備熟悉團隊運作和技能的人。在團隊的運作中，因為某一個人不熟練造成效率低下是很常見的，所以應該要求團隊所有成員都能夠掌握其職位上所需的技能。不過，若要熟悉技能，勢必需要一段時間，但這段時間是團隊必須付出的，畢竟沒有人一生下來就懂得某種技能。所以領導者要讓員工有熟悉的時間，然後再分配到最合適的職位上。

合適的團隊成員並不是指當中能力最強的人，而是最懂得與其他成員合作，並且有利於團隊和諧的人。如果有一個能力很強，但不懂得合作的人加入團隊裡，原本的力量可能就會被分散，效率反而大不如前。

合理安排工作

這涉及到我們前面說的以權力和決策來改善工作流程的問題，如果領導者在安排這些事情上沒有做到位，那團隊的工作就很難開展下去。團隊需要分工合作，每個人都應該有自己的職位，但如果在安排的時候分配不夠理想，人員數量的配置不合理，造成人手不夠或者過剩，就會影響到整個團隊的發展。

合理安排工作的前提是要瞭解團隊中每個人的技能和專長是什麼，不要將他們安排在不合適的位置；就像穿了一雙不合腳的鞋子無法走遠的道理一樣。有時候領導者為了彰顯自己的權力，常常把一些不適合這個職位的人進行調動，反而造成團隊效率不彰，影響整個團隊的工作進程。

不鼓勵加班

很多企業把加班當作一種常態，視為工作辛勤的象徵；其實加班是團隊效率低下的表現，只有不能在規定時間內完成的工作才需要加班，如果能妥善、有效的利用好上班時間，工作通常都是能夠做完的。所以團隊不應該把加班看成積極工作的表現，反而應該觀察員工是不是在上班時間偷懶，造成工作效率低下。

員工加班看上去好似是公司得利，其實在加班過程中所損耗的水電，浪費的材料、機器的耗損，反而都是公司的損失。而加班讓員工得不到適當的休息，第二天工作效率無法提升，不斷地惡性循環，對團隊帶來不好的影響。所以應鼓勵員工提高效率，在工作時間內把工作完成，然後好好休息，第二天才有充足的精神。

5 工作分類

要讓工作有效率，就要知道什麼事情是急迫的，什麼事情是重要的。工作的時候把急迫和重要的先做完，次之則是不著急，不是那麼重要的工作。簡言之，就是將工作進行分類，把工作分成輕、重、緩、急四個類別，然後按照這些類別來安排工作的先後順序，這樣才能提升工作效率；否則只會手忙腳亂，忙中出錯。

提高效率其實就是改變時間觀念，要讓整個團隊有這樣的意識；一個小時就能完成的工作千萬不要用兩個小時，否則多出來的那一個小時就是在浪費時間。團隊成員的效率和團隊的效率兩者表現出團隊的工作狀態，也是這個團隊是否可以立足於競爭激烈的市場的重要關鍵；提高效率不僅是對團隊負責，更是對每位團隊成員的時間負責。

4-2 建立並優化團隊工作系統

在工作中，領導者和員工除了要考慮做那些正確的事，還要清楚如何做這些正確的事，思考如何從瑣碎繁雜的工作中解脫出來。因此，每個團隊都應該有一套自己的工作流程；一個完善合理化的工作流程不僅能把員工從繁冗的工作中解脫出來，還能大大提升他們工作的效率。那麼，應該如何改良工作流程呢？

1 建立工作流程

每項工作的執行過程都有一個固定模式，這個模式可以指導當事人較順利地完成工作；例如，一提到做菜，很多人就會想到買菜跟料理。買菜是必要的，不過這個步驟和其他補充材料的過程都只是前期準備工作；但最關鍵的一步是料理過程，要想做出一道色香味俱佳的菜餚，就要按照一定的程序一步步地去做，一旦哪個環節出了差錯，整道菜就毀了。比如，先將青菜在滾水裡汆燙過再放入鍋中翻炒，就能夠做出一道完美的菜餚；但如果先炒、再燙，那恐怕就會變得很難吃。一個團隊完成某項任務時也是如此，如果不按照一定的順序進行，就可能產生許多麻煩。

所謂工作流程，是指完成工作任務的順序。它包括很多內容，比如工作過程中的環節、步驟和程序等。通俗地說，工作流程就是明確地知道在執行任務的過程中，需要做什麼、怎麼做、按照什麼順序做。也就是說，領導者頭腦中要有一個「箭頭」，即在面對冗雜的工作內容時，要抽絲剝繭，準確地判斷出應該先做哪一步，再做哪一步，建立一個能減輕工作壓力，並提高工作效率的工作流程。

簡化工作流程

美國奇異公司（General Electric Company）原總裁傑克・韋爾奇（Jack Welch）說過這樣一句話：「管理效率出自簡單。」很多團隊已經意識到簡化工作的重要性，在面對一堆毫無頭緒、十分複雜的工作表單時，是很難有工作積極性的。所以，無論從提高工作效率還是對員工「人性化」的管理方面考慮，領導者都應儘量簡化工作流程。

簡單管理是團隊管理中的一個很好的管理模式，不僅是領導者對工作的要求，同時也是對員工素質的要求，簡化工作也是優秀員工必備的一個素質。

寶僑公司（Procter & Gamble，簡稱 P&G）有一條標語：「一頁備忘錄」這是寶僑公司多年來總結出的重要管理經驗。公司任何超過一頁的建議或方案都被視為浪費，「一頁備忘錄」也是公司對員工提出的嚴格要求；員工首先要把工作內容「吃透」，然後歸納、總結出不超過一頁的文字內容。

一個完善的工作流程不但能減輕員工的工作壓力，還有助於領導者站在全域的角度來管理團隊。清楚的工作流程可以給予團隊各部門明確的任務指向，任何階段都有明確的劃分，這樣員工的執行力和工作效率才會較高。

3 審查工作流程

建立工作流程並簡化後，還要再進行審查甚至是重排。重排工作流程是指將所有環節按照合理的順序重新排列，或改變其他要素的順序，重新安排各作業環節的順序和步驟，透過調整各環節的作業，使作業更有條理，工作效率更高。

1996 年 6 月 30 日，華為公司 (HUAWEI) 總裁任正非在市場慶功暨研究成果表彰大會上發表談話，提出：「員工參加管理，不斷地優化所從事工作的流程與品質……改革一切不合理的程序。」隨後，員工開始著手將不合理的工作流程進行改革，將不合理的環節予以重新排序，大大改善了華為的工作效率。

那麼，怎樣才能確保流程的合理性呢？

（1）衡量各環節的合理度

員工提出「何人、何處、何時」三個問題，來檢驗流程各個環節的安排是否合理。一旦發現不合理之處，應立即重新排序，使各環節都保持最佳順序，從而確保工作的順序性。而對各環節合理度的衡量，可以從以下三個方面開始。

- **何人**：該環節由誰操作？操作技能是否嫻熟？該環節的工作是否為該員工最擅長的？是否存在職務與員工能力不匹配的現象？
- **何處**：各環節的操作場所距離是否合適，是否便於工作交接？如果將某些環節的操作場所調換，是否可以縮短工作交接的時間？調整設備儀器的擺放位置後，操作者使用起來是否更加方便？
- **用多少時間**：何時開始，何時結束，在各個環節之間的移動時間、等待時間、加工時間，以及由於機器故障、零件無法到位等問題造成的延遲時間是多久？時間安排是否過於緊湊使員工過分緊張、疲勞？如果時間安排過於寬鬆，是否無法在交期前完成任務？

（2）釐清邏輯順序

工作流程中可能只有幾個環節，也可能有數以百計的作業環節，如果各環節排序不當，會造成工作秩序混亂，無形中延長作業時間；所以對於環節順序的安排是否符合邏輯、是否流暢，你可以從以下兩點進行評價。

- **是否等待：**環節完成後，員工是否需要等待其他環節結束，才能共同進入下一環節？
- **是否混亂：**一個環節的開展，是否需要其他環節的完成結果作為輔助？

一旦出現等待或混亂的狀態，你必須採取以下方法予以調整。

- **減少等待：**瞭解各環節作業完成所需的時間，同時處理等待的部分，保證各環節不必等待即可與其他環節一起進入下一環節。
- **避免混亂：**瞭解各環節之間的聯繫，弄清哪些環節應在前，哪些環節應在後，哪些是前一環節結束後才能開展後一環節的作業，以確保各環節之間的順序性。

團隊成員要合理分工

隨著經濟的發展，社會分工越來越細，專業化程度也越來越高，一件工作必須由多人協作才能圓滿完成。因此，要保證團隊成員的協力合作，首先要對工作進行合理的分工。

F1 賽車維修站的分工協作堪稱經典。賽車每一次進站，都需要 22 位工作人員協力合作。其中，12 人負責更換輪胎（每一輪 3 人——1 人負責拆、上螺絲，1 人負責拆下舊輪胎，1 人負責裝新輪胎）；1 人負責操作前千斤頂；1 人負責操作後千斤頂：1 人負責在賽車前鼻翼受損需要更換時操作特殊千斤頂；1 人負責檢查發動機氣閥的氣動回復裝置所需的高壓力瓶，必要時補充氣體；2 人負責扶住和操作加油槍；1 人負責操作加油機；1 人負責滅火器隨時待命；1 人負責擦拭車手安全頭盔；最後 1 人負責操作寫有「剎車 Brake」和「掛擋 Gear」字樣的指示牌，當他舉起指示牌時，代表賽車可以

離開維修站。

在團隊中，不同工作崗位的性質、條件、方式、環境不同，對人才的要求也不相同。團隊分工時，應讓每位成員的能力特徵與其從事的具體工作相匹配。

1 依據員工的能力分工

主管在分派任務時一定要確實考量員工的能力。

一間廣告公司接到一份重要訂單。主管李甯著手安排分工，按照慣例，廣告文案設計工作應由經驗豐富的陳河處理。但這次，另一名員工張宏自告奮勇，申請設計廣告文案。張宏在公司工作已有幾年時間，一直在做一些輔助性的工作，但對廣告設計的各個環節也算熟悉。而且，李甯一直很欣賞張宏踏實肯幹的工作態度，於是決定讓他設計廣告文案。

幾天後，張宏設計出了一份草案與李甯一起討論。她發現，張宏的設計草案雖然大體上還可以，但缺乏創意，所以提出了幾點修改的意見。李甯覺得張宏剛開始做這方面的工作，畢竟經驗有些不足，需要慢慢來，於是不斷地給予指導。最後，張宏的設計方案雖然有所改進，但仍無法達到預期的效果；且設計方案遲遲不能確定，團隊其他成員也每天無所事事，嚴重影響團隊任務的執行。

主管李甯因為欣賞員工張宏的勤勞品質而把文案設計工作交給他，但張宏並沒有勝任這個任務的能力，導致其他員工無事可做，不僅影響了團隊任務的完成，也無法實現團隊合作中 1+1>2 的原則。

鑒於此，主管在進行分工時，一定要評估員工的能力，你可以建立員工能力模型來準確判斷員工的能力。

2 依據員工的知識背景分工

將任務分配給缺少專業知識背景的員工，可能會為工作帶來不利的影響。

某公司決定招募一名財務人員，領導將這項任務交給了人事部門。人事主管接到任務後，按照招募流程操作，經過初試、複試層層選拔，確定了錄用人選，並通知他來公司上班。幾天後，財務部主管怒氣沖沖地來到人事部質問：「你們招來的這是什麼人啊，連做一份財務報表都出現這麼多錯誤！」

之所以會出現這樣的情況，是因為人事部並不適合應徵財務人員這項工作。通常，人事部考察得是應徵者各方面的素質和能力，但由於他們不精通財務，所以對於這方面的考察具有較大的侷限性，不能深入瞭解應徵者的實際能力（財務方面）。但如果財務部門派人一同參與面試過程，也許就不會出現這樣的情況了。因此，在分配任務時，應注意以下幾點。

- 掌握員工的知識背景和專業背景，如學科專業等。
- 瞭解員工的從業經歷，包括他所從事工作的具體內容，以便分析其擅長的領域，避免在判斷上出現失誤。
- 徵求員工的意見，以確認對方是否具備這方面的知識，同時也可以讓員工推薦適合這項任務的人選。

3 依據適度原則分工

分工的適度原則，是指分配給員工的任務既要保證他們可完成，又要兼顧公平原則。當整個團隊需要共同完成一項任務時，一旦分配任務失衡，便會引起員工的不滿。

市場部主管李芳芳接到指示，公司將要推出一款新產品，計畫開展為期一個月的市場調查研究。職員趙林一直是市場調查方面的老手，於是李芳芳把他找到辦公室，「趙林，公司需要進行新產品的市場調查，我決定這次派你負責50%的調查問卷。」趙林雖然不樂意，但礙於主管的命令不容置疑，也只好同意。

其他同事每天輕鬆地完成自己的任務，早早回到辦公室休息，趙林卻得要加班到很晚。半個月以後，趙林有些支撐不住了，想請其他同事幫忙，但其他同事也有別的事要忙，沒有時間。

趙林滿腹委屈，所以他以身體不適為由，退出了外出調查的任務。

主管將極大的任務量強加給趙林，導致趙林難以承受而「罷工」。可見，領導者一定要平衡好員工的任務量，不可強行分配任務，否則只會引起員工的不滿。那麼，應該如何合理地分配任務呢？你可以從以下方面入手。

- 將任務切割、量化，這樣有助於按比例分配任務。
- 將任務以輕重程度做區分，重要的任務數量少一點，簡單的任務數量多一點，確保每位員工都能完成。
- 分配任務時與員工充分溝通，消除誤會。
- 遇到特殊情況時，如有些任務必須由特定員工完成，一定要先與員工達成共識，並給予必要的補償。

4-3 考核制度與標準，為團隊帶起進步的推力

考核的意義在於激勵員工，讓他們嚴格要求自己，在工作時更嚴謹、認真。但如果把考核的目標搞錯，團隊就會像帶上了金箍咒的孫悟空，只要唐僧一念咒，就算有再多本事都施展不出來。

沒有考核就沒有進步，沒有決策就無法行動，它是團隊進步、成功的助力。

給團隊空間，對結果嚴核

團隊做事需要空間，這樣員工才能夠在這個空間內發揮個人所長，並且要用彈性的機制來管理，讓他們在工作中能妥善發揮自己的才能，這樣才會有更多的熱情來應對工作中的難題。

給團隊留有空間並不是讓領導者完全撒手不理，而是把考核的物件換成結果，而不是工作的過程。鄧小平曾經說過：「不管是白貓還是黑貓，只要能抓老鼠的貓就是好貓！」同樣的道理，無論過程如何，只要不觸犯法律規範，能妥善完成並達到最佳效果就好。所以領導者應該給團隊留有自由發揮的空間，但自由發揮並不代表什麼都可以做；那麼到底什麼能做、什麼不能做呢？

- **任務完成時間：**對於任務完成的時間必須有一定的保證，如果不能夠在規定的時間裡完成，就是失職，這點是絕對不可以提供彈性的。
- **制度、法規：**給團隊空間就像管小孩一樣，可以留有一定的度，但絕對不可以違反相關的法律和公司規定，這是基本原則，也是保證團隊利益和形象的基礎。

- **提高效率的方式：**團隊中的成員不管使用什麼樣的方式來提高效率都可以，這也就是團隊提供員工自由發揮的空間。
- **合作方式：**團隊中的人無論使用什麼樣的方式，只要大家覺得效率高，工作快，那麼就可以使用這種合作方式，不應硬性規定。

團隊的空間到底有多大，就要看團隊能夠生產出多少產品，創造多大的經濟效益。自由需要一定的度，所以團隊的空間要有一定的限制，考核也要從嚴出發。團隊完成任務的結果，會表現出團隊的工作品質，所以在給予團隊一定的空間之後，若不能夠保證結果完好，那麼提供空間又有什麼作用呢？

因此，考核非常重要，一個團隊是否值得誇獎就在嚴格的考察之中，那麼結果應該從那些方面來進行考核呢？

1 產品品質

品質的考核應該是最重要，也必須是最嚴格的。如果沒有良好的產品品質，那麼團隊在工作中的空間就變成影響品質的罪魁禍首，而團隊的工作績效可見一斑。所以考核一個團隊的績效，應該從產品品質著手，並且以非常嚴格的標準來執行。

2 服務效果

除了產品的品質，服務的效果是否能夠達到預期，或是比預期的更好還是更差，這也是考核團隊工作品質的標準。服務效果好，就表示在工作過程中，團隊每個人都認真工作；如果效果差，那就代表整個團隊工作散漫，毫無效率和熱情，員工的工作表現都能從考核結果得知！

顧客滿意度

顧客的標準才是評價團隊工作成績的標準，只要顧客認可，就可以肯定大家的成績；如果顧客不認可，那麼就算再好的成績也終歸於零。任何團隊都應該以顧客的滿意度做為工作的最高指標，顧客的滿意就是團隊奮鬥的目標。

利潤大小

成績的好壞應該從員工為團隊創造了多少利潤來評價。其實這個世界很公平，如果你付出較多心血的話就會收穫較多的成績；如果不付出，也就不可能有任何的收穫。所以投機取巧的行為都只能僥倖獲得一次成功，不可以有第二次。

制訂完善的績效考核制度和標準

績效考核通常也被稱為業績考評或考績，是針對團隊中每位員工所負責的工作，應用各種科學的定性和定量方法，對員工的實際工作效果及其對企業的貢獻或價值進行的考核和評價。績效考核的目的是透過考核發揮每個人的潛力，提高每一個體的效率，實現團隊的目標。而這個目標的實現，關鍵就在於團隊內部績效標準的建立和考核運作。

古時候有名獵人養了很多條獵犬，為了每次打獵後能公平分配，獵人以捕捉到兔子的數量為標準，以此作為牠們分到食物多寡的依據。起初，這種做法起到了很大的作用，但隨著時間的推移，問題逐漸產生。因為獵犬發現，大兔子往往比小兔子更難獵捕，但無論抓到大兔子還是小兔子，得到的獎賞都是一樣的。所以，牠們發現這個漏洞後，每次打獵都專門去抓小兔子。慢慢地，牠們抓得兔子越來越小了。獵人發現到這個問題，便與其他獵人討論：「為什麼牠們捉的兔子越來越小呢？」獵人 A 回答道：「反正抓大兔子和小兔子得到的獎賞也沒有區別，那牠為什麼要費勁去抓大兔子呢？」

績效考核標準是團隊組織對員工工作品質評估的一種方式，是對員工進行獎罰的主要依據，更是組成激勵機制的重要環節。所以，績效考核的結果一定要與員工薪資、升遷和教育訓練掛勾，才能真正發揮其應有的激勵作用。但如何建立完善的績效考核標準，如何做到真正意義上的公正、公平，都是領導者最頭疼的問題。以下是一些建立的方法。

1 一定要有一個願景規劃

作為領導者，你希望五年、十年、二十年後，把大家變成一個什麼樣的團隊，你的目標是什麼？所以，績效的衡量目標一定要從上而下，而且跟流程制度配合在一起。

2 員工非常重視工作回饋

員工工作了三個月，都沒人對他的工作能力做出評價，這對於員工來講，好像根本不受到重視。所以，在制訂考核制度的時候，團隊領導一定不能忽視這一點。

3 確保考核的公正性，並將員工的未來列入考慮

考核的過程一定要公正、合理，把員工的優點、缺點很明確地告訴對方；而到年底，要做考績前讓員工先替自己打分數，這樣出來的結果，才會比較公正、合理。

另外，身為主管一定要保證員工能得到及時的回饋，和員工談談未來的發展，把員工個人的生涯目標和績效結合在一起。這樣他們就能感覺到：

「我在團隊裡有發展、有希望，因為只要我做得好，就會反映在我未來的生涯規劃裡面。」同時，你還要視員工的能力而定，為員工所規劃的未來要跟團隊的接班人計畫接軌。

績效考核制度一定要簡單易用

任何制度的制訂都是為了方便應用，如果過於複雜而難於應用，那就有違制訂的本意。

一套完善的績效考核制度是對員工進行有效考核的基礎，作為團隊領導要依據公平公正的原則，建立一套適合團隊的績效考核制度，才能最大化地提高員工的積極性，激發他們的潛能。

無論採用什麼具體的方法來設定員工的獎金，領導者都要注意一點：在進行評選的時候，不能把資料作為唯一的標準，要考慮到員工在工作中的具體表現。作為領導者，必須設法提升優秀員工的數量，也就是那些在行為和業績方面都很出色的員工，同時要敢於減少團隊中績效不佳的員工數量。如此一來，你的團隊就會變得更加強大，整個團隊的效益也會提高。

獎勵的形式和數量應多樣化，這也是建立團隊文化的一個必要條件。比如，對那些表現較好的員工，或許可以用股票期權的方式進行獎勵。雖然你已經保證員工基本的報酬，但那些希望賺大錢的員工，你可以利用獎勵的方式，讓他們更努力來換取額外的報酬。比如說，對於經驗豐富、優秀的資深員工來說，應採取現金而非期權的方式進行獎勵。至於其他擁有很大的潛力的員工，如果他們今年的工作表現不能讓你滿意的話，你可以減少他的現金獎勵，而採用期權獎勵的方式對他進行激勵，因為他對團隊的未來至關重要。

所以領導者在制訂考核標準時，必須依據以下原則：

標準要具體

標準是考核中用來衡量員工的尺規，它代表著員工完成工作任務時需要達到的狀況。因此，標準必須具體而明確，不能讓人覺得模棱兩可、無法依據。

對於那些能夠直接用數字來衡量成果的工作，員工較容易理解。例如，對業務員的考核標準，可以這樣規定：每月業績達到十萬元為「優秀」；五萬到十萬元為「合格」，五萬元以下為「不合格」。

但是，對於不能直接衡量的工作，考核標準應當怎樣做到具體呢？你可能開始感到疑惑了，讓我們來看下面這個例子以利區別。

某家公司對其人事部招募主管的考核標準是這麼規定的：

- 收到人才招募任務後，三週內招募到合格的人員。
- 員工的招募成本，要比透過人力仲介尋找的費用低。
- 求職信應在兩個工作天內予以答覆。

2 標準要適度

所謂「適度」，簡單地說就是制訂的標準既不過高，也不過低。形容具體一點就是「跳著才可以摘到樹上的蘋果」。

如果標準制訂得過低，員工輕輕鬆鬆就能達到，這樣就失去考核的意義；而標準過高，無論員工怎麼努力都達不到，他們就會產生自暴自棄的想法，反正也達不到要求，乾脆不幹了。這樣你還不如不制訂標準，只有那些經過一定的努力才可以達到的標準，才能對員工產生激勵作用。

迪弗利公司是美國最大的個人電腦經銷商之一，公司業務部總監羅斯就經常透過制訂富有挑戰性的目標，激發員工的工作熱情。他曾經和一名女業務員打賭：如果她連續幾個月都創下六十萬美元的業績，就獎勵她一輛

BMW（寶馬）新車。於是，這名女業務員勤跑生意，最後她不但贏得了一輛車，還創下每月平均一百萬美元的好成績。

3 標準能改變

考核的標準制訂出來以後，並不是一成不變的，在必要的時候仍可以稍加更動。

某電器銷售公司，給員工規定的業績標準是每月銷售一百台電視機，才能拿到當月的獎金。但春節過後一週，顧客的購買力降低，無論員工怎麼努力都達不到標準，可是經理根本不理會這些，依然扣發了他們的獎金。這下，員工們可不滿意了：「電視賣不出去又不是我們的錯，本來就是銷售淡季嘛……」但是，經理依然我行我素，很多員工無奈之下都相繼辭職了，團隊的業務發展因此受到巨大的衝擊。

外界環境發生了變化，考核標準就該隨之改變，這才是明智之舉。像上述這個公司，可以在淡季時降低業績標準，例如，規定每月銷售六十台就可領取獎金；旺季時再提高標準，比如每月銷售一百五十台才算達到要求。

4 標準要有時間限制

這一條主要是針對業績的考核，其實在實際工作中，大家都不自覺地做到了這一點。

例如，「每天生產十件產品」、「每月銷售二十萬元」……這裡的「每天」、「每月」都是時間限制。可以想像，如果沒有時間上的限制，那麼標準還有什麼意義呢？

5 制訂標準應遵循的步驟

考核標準的制訂，應遵循以下步驟：

- 排列各個工作職位。
- 確定工作所需要的知識和技能。
- 確定個人的工作。
- 確定工作職能等級。
- 確定「職務及職能等級標準」。
- 製作職務職能手冊。
- 確定每位員工的職務、職能標準。

在這裡，職務就是相關工作的總稱。例如，招募員工就是一個職務，它包含一系列相關的具體工作：制訂招募計畫、資格審查、筆試、面試、進行體檢等，而職能則是指承擔職務的能力。

康宏公司人力資源部制訂出改善績效問題的新辦法——非懲罰性處分。其核心思想是宣導責任和尊重，認為每位員工都是成熟、負責、能夠信任的成年人；如果企業像成年人那樣對待員工，他們就會表現得像個成年人。

強調不使用懲罰，取消了警告、訓斥、無薪停職，加強要求員工承擔責任和決策；還實施一項非常大膽且吃驚的改革，他們取消傳統的最後處分步驟——無薪解雇，以大膽的新方法「帶薪停職處分」取代。新績效辦法的最後處分是通知員工第二天將被停職，他必須在停職期限結束後做出決定，解決當前問題並完全承諾在未來的工作中達到令人滿意的表現，不然就另謀高就。公司會自行吸收處分期間的薪資，以表示希望員工改正並留下來的誠意，但如果員工再次犯錯就會直接解雇。未來何去何從，決定權將完全掌握在員工自己手裡。

而非懲罰性處分會先從非正式的會談開始，如果會談未能產生共識，就採取進一步的處分措施。若非正式的會談過程和績效改進討論不能成功地解決員工的績效或行為問題時，主管會採取的第一級正式處分措施「首次提醒」，也就是討論員工責任的問題，提醒員工注意自己有責任達到公司的標準，讓員工有重新表現的機會。

如果問題持續存在，主管就會再給予「二次提醒」，再次跟員工面談，爭取其同意解決問題。兩方溝通後，主管會將討論內容寫成正式書面並交給該員工。首要請他注意現在的績效和期望績效之間的具體差距；其次，提醒他注意，他有責任拿出合格的表現，做好他該做的工作。

如果正式處分措施的初始步驟不能成功說服員工解決績效問題，就需要果斷採取行動——帶薪停職。

透過這種新的績效改善方法，公司緊張的氣氛得到緩解，員工消極怠工等現象也得到遏止。

4-4 員工獎懲制度賞罰分明

賞罰分明其實是團隊管理的一個老話題了，大家都知道適度的獎勵能夠鼓勵人心，而適當的懲罰可以讓員工有自律的意識；但在實際施行的過程中，卻難以做到賞罰分明。領導者認為自己已經給予員工最好的獎勵，員工卻覺得自己的付出應該得到更多的回報；而在懲罰的制度上，員工則認為自己的錯誤並沒有達到懲罰的標準。因此，在賞罰分明這件事上，團隊領導者和員工很難達成共識。

賞罰分明地帶領團隊

一個團隊之所以能夠成立，其最大的原因在於利益之間的互換，團隊給予員工薪酬，而員工為團隊工作；在這之中如果出現利益交換不平衡的話，團隊就會沒有凝聚力和戰鬥力。而團隊是由人組成的，是人就會犯錯，團隊為了減少支出錯誤成本，就會制訂相應的措施來加強員工的自律。如果能在獎懲和員工的行為之間找到一個平衡點的話，團隊就可以長久、持續的發展下去。

我們常常看到一些團隊流動率非常大，不少人進入這個團隊，但過沒多久又離開；其實這是因為團隊的獎懲出了問題，員工得不到平衡，造成人員流動率高的局面。那到底是什麼原因造成團隊無法做到賞罰分明呢？

- **無法履行承諾：**很多時候領導者會給員工許下承諾，只要完成了工作項目，團隊賺錢後就會給大家獎勵。但當項目完成後，甚至過了很長時間，領導者都沒有兌現承諾，於是大家就會產生失望的負面情緒，覺得這個主管非常不可靠，只會說空話來騙員工為團隊賣命。

- **獎懲不及時：**員工應該在這個月得到的獎金無緣無故拖到了下個月，甚至是下下個月；而本來應該受到懲罰的員工卻一直沒有施以懲罰。這時員工就會產生無端的猜測：「這個人是不是老闆的親戚啊，怎麼我們做錯一點事就被罵，他闖出那麼大的禍卻一點事都沒有。」試想在這樣的團隊下，會有誰願意全心全意地為團隊服務？
- **賞罰隨意：**也有些領導者及時對員工做出賞罰了，但賞罰的力度和程度卻因其心情而隨意波動，心情好的時候就獎賞多一些，懲罰少一些；而心情不好的時候，則獎賞少一些，懲罰多一些。在相同的情況下，員工受到的待遇卻可能不一樣，自然沒有心情再為團隊出力。
- **掩飾和放大：**團隊中總有這樣的人，有責任就往別人身上推，有功就往自己身上攬。他們這樣做的目的其實是想獲得更多的獎賞、避免懲罰，但這樣會導致領導者看不清實際的情況，做出不恰當的賞罰機制，長此以往就容易引起團隊其他成員的不滿。

團隊中需要有明確的秤來量出每位員工的獎懲，以利管理員工；但如果領導者不能把賞罰作為管理重點的話，就算給員工做再好的心理疏導，他們也不可能為團隊貢獻全部的力量，心中會抱著你怎麼樣對待我，我就怎樣對待工作的態度；很多時候員工消極怠惰，都是團隊的賞罰機制所造成。

因此，團隊要建立起一個完善的賞罰制度，讓員工清楚明白獎勵和懲罰等制度，他們才會願意為團隊出力。那怎樣的制度才能夠保證賞罰分明呢？

1 有捨就有得

捨和得本來就是相互依存的關係，沒有捨哪會有得呢？如果你捨不得對員工獎勵，那麼自然得不到他們的付出。到底是團隊支付員工的獎勵比較重要，還是員工為團隊服務，保證團隊正常運行重要呢？其實答案很明顯，只是領導者總是顧此失彼。

對公司員工獎勵要捨得，不要認為員工取得成績是應該和必須的，不需要給予獎勵，這是一種錯誤的觀念。員工所創造的價值有時候甚至多過他們的酬勞，所以適當的獎勵可以提高他們工作的積極性。

2 獎懲都需要清楚

要讓大家都覺得公平的方式就是公佈所有員工的獎勵和懲罰結果，不要讓獎懲變成模糊不清的帳目，引起員工抱怨，因為他們不明白你計算的標準如何，自然會認為自己做牛做馬卻拿得少。

此外，你還要明確公佈獎勵的原因、時間、專案、依據、獎品、數量等，透明公開的獎賞制度能讓所有人都心服口服；但懲罰卻需要顧及到員工的自尊和面子，必須酌情處理。

3 實在的獎品和痛苦的懲罰

既然已經做出獎勵員工的決定，那就應該要照顧到員工的需求。如果員工需要的是食物，而你卻獎勵一幅畫，那對他來說根本沒有吸引力。同樣的道理，如果懲罰一個人卻沒有讓他覺得難受，這個懲罰就是無效的，人只有在痛苦中才能吸取教訓，保證下次不再犯。

獎品不一定非得是金錢，可以獎勵一些員工想要得到的東西，比如旅行機會、探親假期。這些雖然不是金錢，卻能讓他們感受到團隊的貼心。但如果實在不知道員工想要什麼，那就還是獎勵金錢吧，千萬不要按照自己的想法隨意獎勵。

4 獎勵需要有特殊性

團隊的獎勵應該是有條件的，而且要有重點和特殊性。如果只是簡單的告訴員工，你達到什麼標準就可以獲得獎勵，這樣只會讓團隊形成功利的氛圍，員工腦中想得都是若要達到這個標準需要怎麼做。剛開始可能會獲得成效，但時間久了以後，你就會發現員工沒有工作熱情，並不是真心想為團隊付出。

獎勵應該是鼓勵員工突破自我，為團隊創造不一樣的價值，而不是培養他們功利和懶惰的工作態度。

5 注重精神獎懲

如果只是簡單的用物質滿足員工，他們會不斷地提高對獎賞的要求，很難真正獲得滿足感。而對於懲罰，若只用物質上的懲處，則會讓員工漸漸對懲罰沒有感覺，達不到讓他們自律的目的。

但若在獎懲中加入精神獎懲，卻能夠讓員工在心裡得到滿足和獲得成就感；且精神懲罰更能夠喚起他們的自尊心和羞恥心，讓他們能夠主動地改正自己的錯誤。

6 重罰不留情

對於團隊那些屢教不改的員工，必須要給予重罰，讓他們明白有錯不改是需要付出代價的，這種時候定不可手軟；若已經給過員工很多機會，就意味著這個人並不是真心悔改，領導者出於團隊利益和其他員工的管理點出發，必須對其給予重罰。

一個團隊如果做不到賞罰分明的話，就無法激勵員工為團隊做出更好的服務，也沒有進步的空間。所謂無規矩不成方圓，若想團隊形成一定的規模，就要讓獎懲成為硬性制度，保證實行起來準確、到位。這樣的團隊才能給員工安全感和歸屬感，留住更多的人才，也更利於團隊長遠的發展。

制訂和實施有效的晉升制度

管理實踐證明，制訂和實施有效的晉升制度，讓出色的員工適時得到提拔，不僅可以滿足員工內心的需要，還能讓他們感覺到你對他們的信任，從而忠誠於團隊，自動自發地為團隊貢獻最大的力量。

日本企業界權威富山芳雄曾經親身感受這樣一件事：

日本某企業的材料部有位名叫B君的優秀人才，因為精明強幹，上級總指派很多工作給他。且B君工作積極、人品好，在自己的工作領域內非常勤奮，深受同事好評，富山芳雄也認為他前途看好。

十年之後，富山芳雄再次到這家企業時，發現B君竟判若兩人。原以為B君已升任部門主管，誰知他已離開生產指揮的第一線，現只充當材料部門一位有職無權的空頭上司，沒有主要負責的工作，也沒有部下。現在的B君，給人一副厭世者的形象。

對這一情況，富山芳雄感到很驚異，經過調查瞭解，他才明白事情的真相，原來這十年間，B君換了三任上司。最初的上司，因為覺得B君精明強幹，是個靠得住的人物，絲毫沒有將他調動的想法。第二任上司走馬上任後，人事部門曾提出晉升B君的建議，然而新任上司不同意馬上調走他，經過三個月的考慮，他答覆人事部門：B君是工作主力，如果把他調走，勢必會對部門的工作帶來很大的不便，因此造成工作上的損失他是不負責的，甚至提出挑釁說：「是不是人事部門要替我的工作負責？」每位上司都不肯放他走，B君只好被迫做同樣的工作，升遷也就不了了之。

B君最初似乎沒有什麼意見，仍專注於份內的工作上。但隨著時間的推移，他的個性逐漸變得主觀、傲慢、固執，根本聽不進他人的想法和建議，加上他對手上的工作已瞭若指掌，對員工的意見更是絲毫不予採納，發號施令、獨斷專行，使得其他員工都不願意在他身邊工作，紛紛要求調走。而他的上級主管也認為，雖然他工作內行，堪稱專家，但不適合擔任更高一階的職務。因此，他變得越來越固執，以致工作出了問題，最終被調離了第一線指揮系統。

可見，讓員工原地踏步是不可取的，應該提供升遷的管道給那些有才幹的員工。如果領導者總是對他們不放心，他們會認為你不信任他們，懷疑他們的能力，這樣他們反而不會盡心竭力、自動自發地做好工作。

眾所皆知，無效的晉升會讓團隊的效率低下，晉升一位不稱職的員工會讓其他人大失所望，對團隊產生負面的影響。同樣，不公平的晉升則會引起員工的抵觸、猜疑和不滿，使得團隊的正常運作被打亂，從而影響最終目標的實現。那麼，該如何制訂和實施有效的晉升制度呢？概括起來，晉升有以下四種方法：

1 職位階級

職位階級是指一個職位序列中職位漸進的順序。序列中明確規範出每個職位的頭銜、薪水、工作經驗、接受過的教育訓練及所需能力等內容，區分各個職位的不同。領導者可以用職位階級作為最高原則來晉升員工，但有了職位階級，員工的任職資歷就會成為晉升的依據之一。

2 職位調整

職位調整的目的在於晉升那些職位發展上被受限的少部分員工。這一部分員工年輕、有幹勁、有能力，但直接提拔他們，會影響其他有資歷的候選人的幹勁，畢竟他們也在團隊中勤勤懇懇工作了多年。所以先對這部份員工進行職位調整，再進行晉升，既能顧及資深員工的尊嚴，也讓大家在更適合自己的職位上獻力獻策。

職位競聘

職位競聘是指允許所有員工自行來爭取晉升的機會。其好處在於能增強員工的動力，同時避免那些因為主管偏愛而產生的不公平晉升命令。但職位競聘意味著要增加大量的文字工作和評估的時間，領導們必須作出正確的判斷，排除不合格的員工，對所有應徵者做出評估，並對被淘汰的應徵者做出合理的解釋。

職業通道

職業通道是指一個員工的職業發展計畫。對於團隊來說，可以更加瞭解員工的潛能；對員工來說，可以讓他更專注於自身未來的發展方向，並為之努力奮鬥。這一職業發展計畫要求員工、主管以及人事部門共同參與制訂，員工提出自身的興趣與傾向；主管對員工的工作表現進行評估；人事部門則負責評估其未來的發展可能。

一般來說，資歷和能力是領導者做出晉升決策的基本依據。資歷可以從員工服務年限、所在部門以及工作職位來衡量；能力則可以從技能、知識、態度、行為、績效表現、才幹等方面來衡量。總之，能力衡量是一個複雜的過程，團隊中不同的職位等級所需的能力結構都是不一樣的。

所以，領導者在做出晉升決策之前，要先進行績效評估，且評估之前還必須做出決定，考核是基於現在的工作還是基於未來的工作進行評估。通常評估是由領導者根據員工工作任務做出判斷，而這些工作任務則是由員工當前的職位級別決定。

所以，在做出晉升決策之前，領導者有必要首先評估工作本身，清楚明白該工作目前和未來存在的問題，並設立短期目標。首先評估工作所需的知識、技能和個人品質；其次評估情境因素；再次評估候選人的能力；最後基於自己的綜合判斷來確定人選。最佳候選人應該達到職位的最低標準，才能獲得這一職位，他若不願意接受，則由第二人選遞補該職位。基於這樣的系統評估方法，你就能夠找到最合適的任職者。

此外，你還要確保所有員工都有平等的機會，所以進行職位競聘其實是很有必要的，它能讓所有員工都公平地加入到晉升選擇中。

團隊都應該要有一個公平的晉升制度，該制度應當被員工和領導者雙方所接受，使員工得到很好的激勵和回報，實現團隊績效改進的目的。

當眾獎勵有卓越貢獻的員工

團隊有良好的發展前景，且在業界作出了令人矚目的成績，那麼團隊的員工，就會有十足的自豪感和榮譽感，就會堅定他們為團隊奉獻全部精力的信心和決心。如果你還能適時獎勵其中貢獻卓越的員工，不僅被獎勵的員工會對工作投入更大的熱情，還能在團隊中形成你追我趕的工作氛圍，開展出良性的競爭。

當眾獎勵員工，不一定要採取金錢的方式。其實，每個人心中都有想得到認可、獲得榮譽的念頭，所以，對於那些工作表現非常優秀、具有代表性的傑出員工，若給予他們適當地獎勵，也能在團隊間形成良好的激勵效果。

在現代企業中，很多精明的領導者都非常善於運用合理的獎勵，甚至是超出預期榮譽的方法來激勵員工。

諾伊斯博士（Robert Norton Noyce）是英特爾公司（Intel）的創建人之一，他曾這樣說過：「表現傑出的員工最喜歡別人測量他的成就，因為如果別人不測量，就無法來證明自己的傑出。」

一般情況下，可用以下公開獎勵的辦法來激勵表現傑出的員工。

- 設立特別榮譽獎，並為這個獎取一個響亮的名稱，以獎勵員工在某個領域所作出的特別成就。
- 讓員工投票選出本年度最優秀的員工、主管、經理，發給他一份紀念品，並頒發榮譽證書。
- 設立一個獎項表揚員工在職責之外的特殊表現，如送他一件名牌高級運動衫，並把這個獎的名稱寫上去。

對有傑出貢獻的員工公開獎勵表揚，能給員工帶來極大的榮譽感和自豪感。當他們得到獎賞後，會覺得非常榮耀，為了將這份榮耀保持下去，也為了回報給他榮耀的人，他們肯定會比原來更努力工作。如此一來，不但能激勵獲獎者本人，還能激勵團隊的其他人，使激勵效果最大化。

Chapter 5

有效管理，打造高效落實工作的菁英團隊

「為了進行鬥爭，我們必須把我們一切的力量擰成一股繩，並將這些力量集中在同一個點上攻擊。」

——哲學家　弗里德里希・恩格斯

Raise your **leadership** and make **your team** be **better**.

明確下達指令，讓團隊有方向可循

目標讓任何人都能有一個明確的方向，大到理想、夢想，小到今天必須完成的任務，這些都是我們做事的目標。而對於一個團隊來說，目標更是團隊執行力強弱的重要指標。很多時候我們總覺得任務執行起來完全沒有進度，好像一直在繞圈，無法找到出路，其實這是因為沒有目標或者目標不明確；若能夠給團隊成員一個清楚、明確的目標，那麼大家在行動的時候就會事半功倍。

 沒有明確目標，如何準確執行

明確的目標就像一個指路牌，能讓團隊有明確的方向，在遇上分岔路口的時候能選擇出一條適合團隊前進的道路。但遺憾的是，大家雖然都瞭解目標的重要性，但在執行的時候你仍會發現團隊固有目標，卻還是讓人摸不著頭緒；尤其是對於負責執行的基層員工，因為他們對團隊沒有整體、全面性的認識，所以很難領會出團隊那些遠大的目標。且如果目標像海市蜃樓一般，員工又怎麼可能有具體的標準來執行呢？

這其實暴露出團隊目標管理的大問題。目標有時候只是一句口號，或是幾個字，但也必須納入管理的範疇中；所以，管理目標前，你首先要明白怎樣的目標會給團隊帶來壞的影響。

- **定位模糊的目標：**目標如果讓團隊成員覺得霧裡看花，那麼這個團隊的執行力一定不會多好。目標是領導者為了讓整個團隊朝向一個方向努力，讓團隊能達到一定的標準而設定，但如果連你都不能將目標明確地表述出來，那麼在執行過程中，團隊成員只能靠自己的理解來行

動，這樣就容易產生偏差，讓員工在工作中綁手綁腳。

- **不切實際的目標**：領導者有時為了提高效益，常常會對團隊制訂一些不切實際的目標，比如這個月的銷量一定要達到多少，兩天之內要把產品修改完善。雖然說提高目標可以激發團隊成員的工作潛力，但對於一個根本不可能完成的任務來說，員工怎麼會有動力去執行呢？制訂目標的時候，你可以提高一些標準，但萬不可不切實際，要根據團隊內、外部的情況來制訂出科學、合理的目標。
- **沒有重點的目標**：我們在做一件事的時候會連帶影響到很多其他事情，若影響太多就會分散目標的核心，把原本應該要走的路忘記。所以對於目標的制訂，必須要有一個單一的重點和核心，如果重點分散了，執行的時候就會顧此失彼，造成團隊力量分散，達不到期望的效果。
- **形式至上的目標**：團隊需要的是真才實幹的行動力，而不是為了完成而完成，只注重形式的目標很容易成為敷衍、應付的過程。且一旦在執行中產生敷衍的情緒，那麼執行力就會變成是一個過程，員工會認為只要保證走完就行，他們就不會為了目標而考慮品質和成效。

從這些目標裡你可以看到，如果團隊沒有一個清楚、準確的目標，也就沒有所謂高效、標準的執行力。而實際在目標制訂中，我們常常會發現雖然目標很有誘惑力，但在執行上，員工仍會覺得無法準確抓住本質和重點；其實目標的制訂不僅需要一個科學的過程，更需要一個全面的研究。

既然目標對於執行力有著非常重要的影響，那怎樣制訂目標才能保證執行有效、標準呢？接下來我們就來一一講解。

1 團隊目標

雖然我們都知道目標是指團隊的目標，但很多時候團隊的目標常會變成個人目標。領導者常常為了體現自己的能力或為了獲得更高層領導者的誇獎，就不顧團隊的實際能力和外部條件盲目地制訂目標；而這樣的目標往往是領導者自己的目標，並不是以團隊利益出發的團隊目標。

團隊不是個人，而是很多員工所組成的，若要保證能制訂出一種符合整個團隊的目標，你就需要瞭解整個團隊的位置，每位員工實際的能力，市場環境；將這些東西都瞭解清楚了以後，才能明白團隊需要什麼樣的目標，制訂出團隊可以完成的目標。且作為一位領導者，什麼事都應該以團隊利益的角度出發，如此才能確保團隊不斷進步。

2 有重點

任何目標都不可能涵蓋所有的問題，如果目標裡面什麼都是重點，什麼都要完成，那麼這個目標就容易變成大雜燴。若想要顧及所有問題就要付出無數的精力，而這樣只會分散團隊的執行力，讓團隊陷入無數「目標」的泥沼中。

有重點才能讓整個團隊朝同一處前進，大家才能有重點的行動，把無關緊要的事情過濾掉；這樣在執行的時候員工才不會感覺疲憊，也不會有顧此失彼的感受。所以團隊在制訂目標的時候一定要抓住重點，並在目標執行中以這個重點為出發點。

3 具有可實現性

制訂目標的目的不只是為了讓員工看和聽，而是要真切的實現。很多領導者在制訂目標的時候容易走入一種誤區，不是高得無法實現，就是太容易完成；這兩種目標都不是合理、科學的目標。

一個目標之所以能成為目標，目的就是要讓團隊成員在經過努力之後可以實現。因此，它應該要能夠激發團隊成員的潛力，但又不能過高，讓他們覺得跳起來也摸不著；合理的目標應該根據團隊成員的能力來制訂，不能過高也不能過低。

具體化

一個目標的實現需要將具體的需求和預期的結果設為其標準線；但很多不清楚的目標都會模糊這個過程，認為太具體會讓目標僵硬。其實不然，目標具體化反而能讓整個團隊快速進入全力衝擊的狀態，因為員工有具體的標準作為執行的方向。

而不具體的目標則會讓團隊感到迷茫，若遇到責任感沒有那麼強烈的員工，他們就會搪塞了事；所以非常具體的需求和清楚的表達能讓員工明白自己到底應該怎樣做。

時間規定

規定時間的用意永遠在於提升效率；如果目標缺少時間規定，那這個目標就始終在進行式，永遠不會有現實的一天。團隊需要有效率，才能從效率中獲取利潤，而設立時間的規定就能夠順利地實現目標獲取利潤。

但在兼顧效率的同時，你要給員工合理的時間安排，若時間過短可能造成團隊成員無法完成或完成品質過低；給一個合理的時間才能保證員工目標實現的品質。

目標決定的是整個團隊的方向，而執行力決定的是團隊的效率；這兩方面的集合才能決定團隊的成功。無論多麼好的執行力都需要目標作為指引，員工也需要一個明確的目標來考核自己工作的成果，但如果目標過於空泛，他們可能會認為自己已達到了目標，領導者卻認為還差了一截，造成雙方認知不同，而這就是制訂目標時不夠清楚，所造成的影響；團隊的成功需要目標來激勵，更需要員工如同錘子一般的執行力。

藍天技術開發公司由於在創立初期就瞄準國際市場，率先開發出高技術的產品，公司發展的速度十分驚人。但在競爭對手如林的現今，該公司和其它高科技公司一樣，開始面臨來自國內外大公司的激烈競爭。不久，公司在資金上發生了困難，所以，公司董事會聘請一位新的總經理歐陽健負責掌管公司的營運，但原先那位自由派風格的董事長依然留任。歐陽健來自一行事古板的老牌企業，他照章辦事，十分古板，與藍天技術開發公司以往的風格相去甚遠，因此，公司高階主管對他的看法都是：「就看這傢伙能待多久！」一場潛在的「危機」隨時會爆發。

而「危機」就發生在歐陽健首次召開的高階主管會議上。會議訂於上午九點開始，可有位主管姍姍來遲，直到九點半才進來。歐陽健厲聲道：「我鄭重聲明，本公司往後所有的日常例會都要準時開始，誰做不到，我就請他走人。從現在開始一切事情由我負責，你們應該忘掉之前那套制度，從今以後，就是我和你們一起幹了。」而當天下午四點，就有兩名高層主管先後提出辭職。

此後藍天公司發生了一系列重大變化。由於公司各部門原先沒有明確的工作職責、目標和工作流程，歐陽健首先頒布了幾項指令性規定，使現有的工作有章可循。他三番五次地告誡副總經理徐鋼，公司一切重大事務在向下傳達之前必須先由他審批；他也抱怨研究、設計、生產和銷售等部門之間互相踢皮球，導致藍天公司一直沒能形成統一的戰略。

且歐陽健在詳細審查了公司工資制度後，決定將全部高層主管的工資削減10%，引起公司部份高層主管提出辭職。

但也有一些主管抱持不同的看法，研究部主任認為：「我不喜歡這裡的一切，但我不想馬上走，因為這裡的工作對我來說太有挑戰性了。」

生產部經理雖然也不滿歐陽健做法，但他的一番話頗令人驚訝：「我不能說我很喜歡歐陽健，不過至少他給我的部門設立的目標，我們也都能夠順利達到。而且當我們圓滿完成任務時，歐陽健是第一個感謝我們辛苦付出的人。」

隨著時間的流逝，藍天公司在歐陽健的領導下恢復了元氣，而他也漸漸地放鬆掌控，開始讓設計和研究部門能放手地去做。唯獨對生產和採購部門勒緊韁繩，但久而久之，公司內部再也聽不到關於歐陽健去留的流言蜚語了。

大家這樣評價他：「歐陽健對這裡情況不是很瞭解，但他對各項業務的決策無懈可擊，確實讓我們走出了低谷，公司發展得越來越好。」

明確下達任務，並給執行者必要的幫助

許多領導者經常會犯一個錯誤，那就是指令不明確、語焉不詳，又或者是可彈性的空間太大，導致員工接收的任務不具體。而這種不明確、不具體的指令很顯然是無效的，因為員工根本就不知道該如何去做。

有位科長因為得不到下屬的協助覺得很苦惱，他向前輩訴苦，前輩提醒他說：「你在命令下屬時，有明確指出命令的內容和目的嗎？」經過前輩的提醒，這位科長才突然醒悟。因為在這之前，他從未對下屬說明過指令的目的，於是他開始改變了做法。

「這個資料必須在下週的職工大會上提出，所以，你必須在會議召開的前三天完成它。這個資料除了要登報，還要刊登在求職雜誌上，這一點請特別留意，並儘快把它做好。」

上述這個指令下達得就十分清楚，若想發出正確有效的指令，指令就要明確，只有指令是明確、清楚的，才能讓員工確實理解，有效的執行任務。因此，在發出指令時就要使用準確的詞句，多用資料，避免模糊的詞彙或語句；指令還要包括時間、地點、任務要求、協作關係、考核指標以及考核方式等內容，且簡明扼要，一目了然。

另外，指令要具有穩定性。如果指令變化太快、朝令夕改，缺乏穩定性，員工就會衍生一種採取短期化行為的傾向，以便撈取好處，或他們根本不相信主管發出的指令，造成難以管理和控制局面。所以，領導者在發出指令前一定要仔細審查指令的可行性，在執行中可能遇到的阻力以及處理的方式；如在執行過程中發現有不切合實際的地方，應該因事因時而異，區別情況後採取相應的補救措施，立即更正錯誤。

因此，領導者在交代任務時絕對不能含糊其辭，要清晰而具體，也不能改來改去，你平時要加強自己的表達能力，盡可能明確地下達指令。

下達任務後，接著就是員工執行的過程。有些主管喜歡對員工說：「不要告訴我過程，我只需要結果。」但這樣的主管是不負責任的，因為執行的過程中難免會遇到一些困難，若因為這個困難導致員工無法順利完成任務，那也只能怪你當初不願關切這項任務。

當員工因為無法應付某個問題而感到苦惱時，不妨以個人經驗提供員工一些方法。但你要留意一點，如果這時你在一旁干預或直接接手任務的話，可能會讓員工認為你不信任他們。

因此，在這情況下，領導者不妨對員工說：「如果是我，我會這麼做……你呢？」以類似的方法來指導員工，不但可以保持自己的立場，還可以將意見自然而然地傳達給他們，說服的目的也達到了；若領導者直接表示自己的看法，或展示自己的方法，則可能無法讓員工真正學到工作技巧。

而且，如果領導者能夠提供多種方法，並讓員工有加以思考的機會，他們一方面會認為主管給自己面子，另一方面則會提高對主管的信賴感。

通常員工都有這樣的感覺，與主管相處時，總會感到緊張不安，想讓主管高興，卻不知如何做才好；當主管離開時，他們才能真的鬆一口氣，如釋重負，全心全意地投入到工作中，更有效率地做出決定且從中找到樂趣。

因此，領導可以趁不在場時觀察員工的表現，這是檢驗團隊管理是否成功的好方法。有時候，領導者也不妨故意製造這樣的機會，你會意外地發現員工的潛力。當員工已經能夠按照你所信任的方式執行，而且他們也能真正承擔起自己的責任、自主行事；那麼，若你不在的時候，所有工作也照樣可以圓滿完成，團隊能夠順利運行。

讓員工瞭解戰略後再去執行

如果你是一名大型團隊的領導者，必須推動新戰略，那麼你應該讓員工瞭解新的戰略方向嗎？

事實上，員工為執行新戰略在工作上所要做的改變及努力，遠遠高於讓客戶接受新產品。如果你沒有像促銷新產品一樣來進行宣傳，運用一套縝密的流程告知他們新的方向和執行方式，那麼該戰略的失敗是想而知。因此，讓員工瞭解新戰略是有必要的。

在推出新戰略時，領導者必須讓員工充分瞭解該戰略的內容及執行方式，讓戰略目標能落實到日常的工作中，用更妥善的方式去創造績效。

美國信諾保險集團（Cigna）的財產暨意外事業處經理艾森指出：「對於一個團隊來說，最困難的工作就是建立明確的戰略計畫，讓所有員工瞭解如何在該計畫下做出貢獻。每位員工都需要被教育，瞭解他們日常執行的工作，避免影響公司整體的成敗。」這是從上至下的溝通，讓員工在工作崗位上找出協助達成戰略目標的方法。

有時，一個團隊的人數可能多到難計其數，所以面對如此眾多的員工作宣傳，你需要制訂一個持續的、全面的計畫。不過，有些人會認為推動戰略執行是一蹴而就的事，當管理層形成共識之後，就匆忙與員工分享這些新想法，隨後也不再進行大規模的宣導。而員工往往會將這些新想法當成是未來的計畫，暫時擱置起來，最終將其拋在腦後。

多項研究顯示，只有低於 5% 的員工瞭解其團隊的戰略；也就是說，大多數團隊的主管都沒有讓一般員工知道新的戰略方向。甚至有些員工連團隊願景都不清楚，當然更不可能瞭解為實現願景而設計的戰略，自然無法在日常工作中提升及改變做法，也就談不上團隊戰略做出貢獻。

因此，戰略宣傳應該是持續不斷的管理過程。正如傑克·韋爾奇（Jack Welch）的法則一樣：「重複， 重複，再重複，直到讓幾十萬人接受一個想法為止。」

無論是對內、對外的宣傳促銷技巧或方法，都可以用來作為內部的戰略宣傳。而且，我們必須把它們納入綜合的宣傳計畫中，以便將員工和組織的戰略長期地聯繫在一起。因此，制訂這樣的綜合計畫前，首先應該清楚下列問題：

- 宣傳戰略的目標是什麼？
- 宣傳戰略的物件是什麼人？
- 對每位物件發出的資訊是什麼？
- 對每位對象採取的宣傳途徑是什麼？
- 宣傳戰略時，每個階段的時間框架是什麼？
- 如何知道宣傳戰略取得的效果？

在基層進行公開的戰略宣傳是執行戰略時必備的，但有些宣傳計畫也是要滿足保密原則。雖然一項好的戰略必須是明確且公開的，確定特殊的客戶並細分市場，要能夠用特別的機制來防止競爭者染指這部分市場。但你或許會想，真的有必要讓數千甚至數萬名員工都對戰略目標瞭若指掌嗎？答案沒有絕對。因為與員工宣傳戰略目標，有可能會讓競爭對手從旁得知這一戰略——可能是離職員工對外泄密，也可能是不善於保守秘密的員工互相討論時，不經意被別人聽到了；所以，若過早地透露新戰略的內幕，反而會被競爭對手得知並加以防範，讓新戰略的威力減弱。

那麼，戰略決策應當怎樣傳達給基層員工呢？

- **會議：**首先，高階主管可利用會議介紹一些觀念；當觀念建立起來後，再展開組織戰略及未來發展方向的討論。
- **宣傳手冊：**組織的戰略目標及其量度指標的說明。
- **月刊：**起初用來介紹說明大概戰略，接下來可以刊載如何提升績效的戰略行動方案，並定期提供戰略績效測評報告，階段性的傳達戰略。
- **教育訓練：**將執行戰略列入教育訓練課程，讓員工以新的方式來運作並創造戰略績效。
- **團隊內部網路：**將戰略目標放在內部平台上，上傳高階主管的聲音影像，向員工說明整個戰略並解釋個人目標、量度、指標及行動方案。

在設計各種宣傳方式時，應做到縝密規劃並「因地制宜」，根據團隊自身的特點，或放棄，或選用，或另闢蹊徑，甚至是走「偏門」。

5-2 鞏固團隊凝聚力，增加團隊競爭力

美國社會心理學家沙赫特（Schachter, S.）曾指出：「在任何因素保持不變的情況下，團隊的凝聚力越大，生產效率越高，團隊也就越有活力。」

團隊凝聚力，增強團隊活力

上述凝聚力效應提醒著領導者，在團隊凝聚力提高的同時，必須加強對成員的思想教育和引導，杜絕團隊中可能出現的消極因素，這樣才能使凝聚力成為提升工作效率的動力。因此，對團隊成員的思想教育和引導是管理中不可忽視的重要工作。

1945 年，號稱「經營之神」的松下幸之助提出「公司要發揮全體員工的勤奮精神」，並不斷向員工灌輸所謂「全員經營」、「群智經營」的思想。為打造高效的團隊，從二十世紀六〇年代開始，松下電器公司在每年一月，由松下幸之助帶領全體員工，頭戴頭巾，身著武士上衣，揮舞著旗幟，目送貨物送出。在上百輛貨車壯觀地駛出廠區的那一刻，每位工人都會升騰出無比的自豪感，為自己身為團隊成員而感到驕傲。

在引導全體員工樹立團隊意識的同時，松下公司更花費精力發掘每一位工人的智慧和潛力。為達到發掘的效果，他們建立了提案獎金制度，不惜重金向全體員工募集建設性的意見。雖然公司每年頒發的獎金支出極高，但公司勞工關係處處長指出：「以金額來說，這種提案獎金制度每年所節省的錢超過發給員工獎金數的十三倍」。

且松下公司建立這一制度最重要的目的並不是在節約成本，而是

希望每位員工都能參與管理，希望每位員工在他的工作領域內都被認為是「總裁」。

正因為松下公司充分認識到群體力量的重要性，並在經營過程中處處體現著這一思想，因而讓公司的每位員工都把工廠視為自己的家，將自己看作工廠的主人，各類提案源源不絕，員工隨時隨地——在公司、在家裡、在火車上，都會不斷地思索提案。

松下公司與員工之間建立起可靠的信任關係，員工自覺地把自己看成公司的主人，形成為公司貢獻的責任感，讓積極性和創造性高漲，公司也因此產生極高的親和力、凝聚力和戰鬥力，從而使松下公司從一個小作坊發展成世界數一數二的家用電器公司、電子資訊產業的大型跨國企業，其產品品類之多，市場範圍之廣，成長速度之快和經營效率之高都令人驚歎。

團隊凝聚力是維持團隊存在的必要條件；如果一個團隊喪失了凝聚力，就會像一盤散沙難以維持下去。

團結就是力量，凝聚來自同心。若想成為協調一致的團隊，領導就要盡力讓每位成員都有自我發揮的空間，同時要嚴格破除個人英雄主義，平衡好團隊的整體互動，形成協調一致的團隊默契；並鼓勵成員互相瞭解、取長補短，使團隊更加堅強。如果能做到這些，團隊就能凝聚出團隊智慧，創造出驚人的表現力和績效。

以往在××企業的會議中，最常聽到的話是互相批評、互相攻擊，場面十分混亂，像「因為生產部未按時交貨，所以業績沒有完成！」、「因品質設計不良，產生顧客抱怨與退貨」、「因業務下單交期太短，中間插單、改單…造成生產不順」……等等，每次會議都在為各部門沒有配合好的缺失、問題爭辯不休。

經過幾次的會議，剛回國接任的總經理終於忍不住了，在會議當場用力拍桌子，把正在爭辯中的主管們嚇了一大跳。

總經理氣憤說：「從現在開始大家改變報告內容，不準再報告別人的錯誤或缺失且責備別人，會議中只能報告兩個內容：1. 本週有哪些部門、哪些人對你有什麼貢獻？ 2. 審視自己還有哪些未做好或不足之處，接下來要如何改進？」

事後的第一場會議，大家都表現得手足無措，因為他們以往只注意別人有什麼缺點不能與自己配合，不曾注意別人對自己會有什麼貢獻。會議一開始全場鴉雀無聲，好不容易有名主管站出來說：「謝謝你陳經理，那一天在休息室，你幫我倒茶！」

幾次會議之後，公司的氣氛發生了一些微妙的變化。每位主管在會議中報告，發現到別人對他的幫助愈來愈多，表示感謝之外也對自己的不足做檢討，帶起互相感謝的氣氛，也帶動了自我檢討、負責的工作態度，團隊合作凝聚力也因而增強。

因為在會議上，對別人表示感謝是肯定別人，對他而言是實質的幫助，而對自己的檢討則是對自己不足的策勵。過了兩個月之後，又有進一步的發展，大家突然發現：如果只有你感謝別人，而沒有別人感謝你，那代表什麼？因此促使每個人在注意別人對自己有什麼貢獻之餘，也主動找機會協助別人，找尋為別人服務貢獻的機會，團隊凝聚力就在這個過程中漸漸形成。

強化團隊成員的補位意識

「補位」本來是足球比賽的專業術語，意思是隊員之間要相互照應，當隊友來不及撤防時，其他隊員要及時填補隊友的位置。而這裡所指的是團隊中的補位，也就是成員間互相合作，當某個人或某個環節出現問題或漏洞時，有其他人或者是更好方案能立即彌補，確保團隊任務的圓滿執行。透過建立補位意識，培養員工的合作精神和習慣。

強化主動補位意識

領導者在平時的管理工作中，要強化員工主動補位的意識，使他們養成自發性補位的好習慣。為此，你需要從以下兩方面做起。

（1）淡化員工的邊界意識

由於團隊成員分工不同，會形成不同職能和領域的邊界。如果員工的邊界意識太強，就有可能出現只以實現職能範圍內的目標為重，而不重視團隊整體目標的情況。這樣一來，當其他成員的工作中出現空位、缺位時，就不能主動地遞補，影響整個團隊目標的達成。因此，必要時要拋開職位職責的限制，積極補漏、補差。

（2）培養團隊合作精神

強化員工的補位意識，關鍵在於培養員工團結合作的精神。培養員工合作精神的目的就是要提升成員對團隊的認可度，促使團隊成員將團隊利益放在第一位。一旦成員有了這種意識，就能夠在工作中相互協調配合，共同完成任務，而若要實現這一目標，你可以採取以下策略：

- 將自己融入團隊之中，與員工共同完成團隊工作。
- 一視同仁地對待每位員工，不能因個人對員工的喜惡，而讓團隊成員之間帶來衝突。
- 與團隊成員團結一致，避免產生不必要的內部矛盾。
- 為團隊營造良好的工作氛圍，讓員工樂於身在其中。

2 把握補位的時機

即使員工已經意識到補位的重要性，但他們不一定清楚在哪些情況下需要及時補位。一般來說，出現下列情況時應積極補位：

（1）涉及團隊形象問題時，應及時補位

當工作中出現涉及團隊整體形象的問題時，應及時補位，以維護團隊的良好形象。

在某手機專賣店裡，客服人員小吳正要帶客人去兌換獎品，這時，恰巧來了另一位客戶要求更換手機，因為他前天剛買的手機總是不明原因的顯示白屏。小吳禮貌地向他告知自己目前手邊有一位客戶要先處理，請他稍等片刻。

不一會兒，別位客服人員小陳來了，客戶主動向他說明情況，但小陳心想：「這是小吳的客戶，我幹嘛要管他的事啊？」於是對客戶說：「您再稍等一下，剛才接待您的那位同事會幫您處理的。」

客戶很惱火，說：「我的手機是在你們這裡買，又不是從別人那裡買的，你這是什麼服務態度？我要找你們經理，退貨！」

在上述案例中，小陳以「不是自己的客戶」為由婉拒客戶的要求，導致客戶的不滿。其實，在上述情況下，員工應先考慮團隊的整體形象，即便是「分外」的工作，也要及時予以補位。

（2）出現突發事件時，應及時補位

如今市場競爭十分激烈，即使團隊內部分工再明確，也可能會有一些意外的情況發生，這時就需要員工有及時補位的意識。

詹森在應徵威斯康公司工程師時並未錄取，但他以不計職位、不計報酬的條件希望能進入該公司，因此為自己爭取到了專門負責打掃廢鐵屑的清潔員職位，如願進入威斯康公司；詹森認真勤奮地重複著這項簡單卻勞累的工作。

1990年初，威斯康公司因為產品品質出現一些問題，訂單紛紛被客戶退回，公司因此遭受巨大的營運危機，董事會緊急召開會議尋找解決方案。這時，在旁打掃的詹森站了出來，拿出了合理、實用的產品改進圖，為挽救公司危機做出了巨大貢獻。原來，詹森利用清潔員能到處走動的特點，仔細觀察了公司各部門的生產情況，並做出詳細的記錄。他發現公司在生產上存在技術問題，從而想出解決辦法；最後他因此成為公司技術部的副總經理。

詹森在做好份內工作的同時，也沒有忘記觀察公司的生產情況，發揮自己的長才整理出產品改進的方案，並在公司遇到困難的時候，挺身而出提出建議。詹森的補位行為和意識不僅幫助公司渡過了難關，也讓自己成了公司的棟樑。

（3）對沒有明確責任人的職位，應主動補位

有很多工作沒有明確規定具體的負責人是誰，這就需要員工具有較強的責任意識，主動補位。

小魏是一家公司的普通職員，主要負責主管交辦的事情。當公司出現無人料理的事情時，小魏的同事總是推三阻四，但小魏卻主動把這些工作承擔下來，在一定程度上保障公司的日常運行，他也因此受到了主管的表揚。

對於團隊來說，像小魏這樣的員工是十分重要的，他這樣的補位行為應該積極鼓勵，並在團隊內推廣。

（4）對責任明確的工作，應巧妙補位

當其他員工負責的工作出現問題時，不應該直接包攬替其解決，因為這樣反而會讓他養成惰性。正確的做法應是提醒他工作的不足之處，巧妙地為其補位。

（5）對於服務性的工作，應及時補位

在服務行業，經常出現多位客戶同時有服務需求的情況，若只有一名員工，通常難以同時應對。此時，為確保服務周到，常常需要領導者或其他員工隨時補位協助。

希爾頓飯店的酒吧分為四個區域，每區安排兩名服務員負責服務，所以，若要讓酒吧提供的服務能夠準確、及時、到位，最重要的就是及時補位。在這裡，主要分為「三重補位」：一是兩名服務員在各自服務的責任區內互相補位，勤巡視、勤觀察、勤走動；二是兩名服務員中有一名服務員要兼顧周圍其他區域內的服務，以彌補鄰近區域因忙碌而可能出現的疏漏；對熟客、老顧客，更是要跳出區域界限，每隔一會兒就主動過去打招呼，聽取意見，徵詢需要什麼服務；三是領班、主管和部門經理等各級主管的補位。主管主要負責現場管理，他們沒有固定的服務內容，在現場必須負責各區的及時補位。出現問題時，絕不能在客人面前亂了陣腳，主管應無聲無息搶先補位，先滿足客人的需要。事後，在問題上找出癥結，予以解決。

希爾頓飯店為了及時、周到地服務於顧客，實行了「三重補位」，賦予服務人員不同的角色，指定了具體的補位內容，為顧客服務就不容易有遺漏。

 用組織力保障執行力

團隊的組織力其實就是指團隊開展、組織工作的能力，這種能力直接影響到團隊的執行力，如果沒有強大的組織能力去開展工作，就一定不能夠有效地執行。組織力其實也是執行力的一部分，體現在相同的條件下，考驗團隊是否能夠更有效的利用各種資源，將各種要素轉化成為產品或者服務上。

團隊的組織力是把團隊中的人員、資源按照最有行動力的目標作出分配，而這種分配決定了執行力的高低。所以我們在強調執行力的時候，應該先檢視一下組織力是否已達到要求：

- **態度：**從任何方面來看，人的主觀導向能夠克服很多的困難，也就是說只要有決心，很多困難都可以成功克服。如果團隊成員有「非做成不可」的決心，那麼整個團隊的組織能力就能得到大幅度的提升；反之，則大大削弱了團隊的執行力。所以，員工的態度對於組織力有很大的影響。
- **能力：**組織力需要利用合理的人力、物力資源來完成一件事，但如果員工的能力不足，無法完成這個任務，那麼組織力就會大大降低。而造成這種後果有兩個原因，一是團隊成員的能力確實不夠，不能夠完成任務；二是不能夠人盡其才，把人才放錯了地方，員工的能力得不到施展。而組織力就是要解決這些問題，提高整個團隊的執行力。
- **團隊架構：**有的時候，員工會因為受限於團隊的制度和架構，難以施展才華，就算按照預期的那樣做出來，也可能因為團隊組織的一些原因讓效果大打折扣。因此，團隊結構的建立應該要以團隊是否有效執

行來判別，而不是其他的任何原因。

- **物資：**團隊除了員工能力會影響團隊的執行力之外，還有執行過程中所使用的工具；在使用的過程中，一旦出現故障就可能導致整個團隊無法運行。所以把工具的問題作為一種後備的工作，能夠避免很多麻煩。

團隊中，組織力是執行的後勤保證，如果因為後勤原因讓整個執行受到影響，那麼失敗也是在所難免的。所以說，組織力是執行力的保障，而提高執行力首先要從提高組織力開始，只有這樣才能保證後勤給予前線強大、穩固的支援。

1 員工教育訓練

員工是否能在關鍵時刻為團隊投進致命的一個球，取決於平時對員工的訓練。所謂養兵千日，用在一時；如果平時不培養員工的心理素質、工作能力，那麼到真正需要的時候就會產生問題。

2 物資準備

大到生產的原料、機械、工具，小到員工的食衣住行，全都需要準備充足；只要是團隊需要的東西，就應該充足供應，這樣才能讓整個團隊專心於任務的執行上。其實很多時候我們會發現，一個決策之所以能夠完美的執行，有很大一部分因素是因為工具使用得當。

3 服從意識

對於團隊中任何一個人來說，能夠做到團隊絕對服從是很重要的。員工富有服從意識，就說明團隊的組織能力強於一般團隊，能夠調動不同的人手來支援；這是一種團結互助的表現，也是團隊結構完善的表現。

溝通

想讓整個組織架構得到順暢的運行，溝通是不可或缺的；溝通就像是框架中的釘子，將兩個不同方面的架構連接起來，成為一個完整的組織。且溝通在任何時候都非常重要，它能夠保證在決策執行的過程中有良好的資訊傳達途徑。

5 個人和團隊的執行力

在調整團隊架構的時候，需要明確區分哪些人可以搭配，哪些人不可以安排在一起工作。雖然每個人的能力都強，但並不代表整個團隊的執行力是強大的，組織力需要的是團隊成員間的相互配合，而不是各自為政的強者。

6 程序

設立架構的目的是讓整個程序按照合理、優化、協調的方式進行整合，如果工作的順序出現問題，就會讓整個決策的執行暫停或者從頭來過。而且，每一件任務的完成，都需要有一個順序來指引，一旦破壞了這種次序，可能造成工作的重複，要不就是缺漏。

5-3 讓員工對團隊產生歸屬感

很多領導者見多了人情世故，難免會有一種「人走茶涼」的感慨。而之所以會出現這種現象，是因為領導者與員工之間並不是情感的交流，而是權力上的壓制，一旦這種權力不在了，茶自然也就涼了。以真心才能換真情，只有真誠地關心員工，才能贏得員工的忠誠而不是形式上的服從，對團隊產生一定的歸屬感，建立起領導者真正的影響力。

發自真心地愛惜員工

從情感的角度來說，被關心、被重視是每個人的本能需求；如果領導者能真誠地關心員工，員工將成為你忠誠的追隨者。在這方面，麥當勞日本公司的做法尤被人稱道。實際上，麥當勞日本公司的內部管理制度非常嚴格，但領導者卻能真正做到剛柔並濟；他們嚴格執行公司的管理制度，同時又最大化地尊重員工、善待員工、關心體貼員工的生活。他們經常使用的方式如記住員工的生日；關心他們的婚喪嫁娶；關心促進他們成長，這種情感撫慰不僅僅體現在員工身上，有時甚至是體現在員工的眷屬身上。

例如，在員工生日的那一天，麥當勞日本公司的老闆藤田田會給這位員工放一天假，並發放五千日元的生日禮金。有時候，員工的家人過生日，藤田田也會派人送鮮花致意。就連兒童節，藤田田也會及時送上禮物給員工的小孩。不僅如此，他每年還會舉辦一場聯歡會，所有已婚的員工都要帶著太太參加，席間，藤田田會發表一段真摯的演說。有一次，他說道：「各位太太們，你們先生對公司作出了極大的貢獻，對於這一點我沒有什麼好說，只是有件事想請大家幫忙，就是好好照顧你們先生的健康。我希望把他們培養成一流的人才，可是無法兼顧他們的健康，因此這個責任就交給各位太太們了。」

所有的措施，都讓麥當勞日本公司的員工深深地體會到公司是用真心在關心他們，因此更願意為公司付出，努力的工作。

對員工精神上的滿足和激勵，可以讓他們真心感受到公司的溫暖和關懷；但很多領導者都會認為，只要讓員工的薪資、福利待遇好，滿足員工物質上的需求，就能實現預期的目標。但事實上，作為一名優秀的領導者，若想充分調動員工的積極性和創造性，就要用心對待員工，讓他們願意服從你的管理。

藤田田無疑就是一位善於感情投資的人；他每年都會跟一家私人醫院協議，先預付一大筆錢以保留一些床位，這樣當員工或其家屬生病、發生意外時，就可以馬上接受及時的治療。即使有員工或其家屬在星期天有突發性的病症，他們也能送入指定的醫院獲得及時救治，避免因為多次轉院導致來不及施救而喪命的情況發生。有時候，連續好幾年都沒有人生病，有的人就會覺得公司的錢真是白花了，但藤田田認為只要能讓員工安心工作，即使永遠都沒有人生病，公司也是不吃虧的。

正是藤田田對員工這些人性化的管理，燃起手下眾多員工的工作熱情，使公司的凝聚力增強；且在未來的工作中，員工會更加的擁護他，也更心甘情願為他效力。

家是員工心靈的港灣，若關心員工的家庭，就是對員工莫大的支持。對此，玫琳凱（Mary Kay）也有著深深的感觸。

1983 年，玫琳凱的公司裡有一名技工的家人不幸患了癌症，玫琳凱知道後，親自寫了一封信給技工的家人，鼓勵患者勇敢地與病魔戰鬥。這讓那位員工非常感動，他說：「我的家庭是我的後盾，總裁這麼關心我的家人，我一定會全心全力工作，以此來表示對總裁的感謝。」

所以，不要抱怨自己的員工不夠聰明，也不要責備他們工作的效率低下，而是要從自己身上找原因，看自己是否真的做到用心對待自己的員工，是否付出了有回報的感情投資。

為了研發閉路電視（CCTV，像錄影機或大樓監視器這類的播放系統，不會公開傳輸），亞瑟利維聘請了比爾。比爾因為亞瑟的公司給的待遇非常優厚，且他也非常需要這筆錢，所以一上任就天天的待在實驗室裡努力工作。在工作最緊迫的時候，比爾一連四十多個小時都沒有離開實驗室一步，好不容易等到工作告一段落，比爾才拖著萬分疲憊的身軀躺在床上睡了一天一夜。等他醒來的時候，就看到總裁亞瑟利維坐在床邊看著他。亞瑟利維看到比爾醒了，拉著他的手沉重地說：「我寧願不做這生意，也不能賠上你這條命，作研究的人通常都不長壽，所以我希望你能注意身體，你的心意我領了，就算研發不成功，我也不會怪你的。」從此以後，比爾的工作目的變了，他不再為了優厚的工資而工作，而是把閉路電視的研發工作當做自己的事業去做。半年之後，閉路電視研發成功，且順利打入市場，亞瑟利維公司的發展就此打開了一個嶄新的局面。

古人說：「士為知己者死。」在現代這個社會，這句話也可以解釋為「員工為關心自己的人努力工作」可以說，若真正關心員工的利益，就能在員工的心目中建立起真正的影響力。

不過，即使是關心員工也要注意方式是否妥當，否則付出再多的心血也於事無補。有些主管在幫助員工之後，會時不時地對員工說：「你之所以獲得……是因為我向上司極力推薦，因為我為你們據理力爭，爭取到的機會……」不管本意是什麼，他們的話聽在員工耳裡都會認為自己的升遷全都是主管的功勞，與自己的努力沒有一點關係，使得員工從此失去對主管的信任和忠誠，甚至喪失工作的熱情。但也有很多主管會把工作指導當成是對員工的關心，該指導的指導，不該指導的也指導，讓員工不勝其煩，反而導致他們心裡感覺主管不信任他。像這樣的現象在職場上真的是數不勝數，非但收不到關心員工應有的效果，還讓自己離心離德，徹底失去自己在員工心目中的威信。

學會透過小事打動員工

善於以情攻心的領導者都非常注意細節問題，他們從點滴做起，透過一些小事溫暖員工的心，讓他們不經意感受到主管真誠的關懷和無限的溫暖。

而且，有些小事情就可以反映出一個領導者品質的整體風貌和管理藝術，大家會透過一些雞毛蒜皮的小事，去衡量、評價你。

例如，員工得了一場大病，請了半個多月的病假在家療養。今天是他康復後，頭一天來辦公室上班，難道你對他會表現出冷淡、面無表情，而且不講半句客套話，也沒有一句真誠的問候話語嗎？

再比如，你手下一位年輕員工成功找到未來的伴侶，不久就要喜結良緣，或是他在工作上有亮眼的表現，為公司做出了傑出的貢獻，難道你還能表現出不冷不熱、無動於衷地不說一聲祝賀稱讚的話語嗎？

小事往往是成就大事的基石，這兩者之間是相互影響，相輔相成。身為領導者，要善於處理好這兩方面的關係，使兩者相得益彰。

以自己的實際行動，勤於在細小的事情上與員工感情溝通，不失時機地在小事上顯示你的關心和體貼，無疑是對他們最高的讚賞，也是調動員工積極性、激發熱情和幹勁的絕佳手段。而你可以透過下列方法來達到效果：

 記住員工的生日，在他生日時向他祝賀

現代人都很重視生日，在生日這一天與家人或知心朋友在一起慶祝。而聰明的主管善於「見縫插針」，讓自己參與其中，一同歡樂。甚至有些主管慣用此招，每次都能給員工留下深刻的回憶。

替員工慶祝生日，你可以買個蛋糕、請吃飯、甚至送一束花，這些效果都很好，如果還能趁機講幾句讚美和助興的話，更能達到錦上添花的效果。

 員工住院時，主管一定要親自探望

若一位基層職員住院了，他的主管親自去探望時，說：「平時你在公司的時候，都感覺不出來你付出多少貢獻，但現在公事沒有你處理，反而感覺工作沒了頭緒、慌了手腳。你安心把病養好了，馬上回去工作！」這番話令員工感動不已，出院後更加努力的工作。

而有的領導者從不重視探望員工，員工住在醫院裡，其實心裡惦記著主管是否會來醫院看望自己，如果主管不來，對他而言，情緒上難免受到影響，心中有失落感。因此，若你能親自探望員工，溫暖他們的心，會達到事半功倍的效果。

 關心員工的家庭和生活

讓家庭幸福和睦、生活寬鬆富裕無疑是員工賣力工作的主要動力。如果員工家裡發生一些事情，或者生活拮据，而你卻視而不見，那麼就算你對他的工作表現有再多讚美也無濟於事。

有間公司憑著員工們滿腔的熱情和辛勤努力的工作，將公司發展得有聲有色、略有小成，該公司的老闆很滿意也很感謝他們的付出。他注意到大部分的員工都是單身漢，不然就是外地人，因此較沒有機會在家吃飯，平時吃飯也很隨意、簡便；於是他在公司設立了一個員工餐廳，從而解決了他們的

後顧之憂。日後，當員工們吃著餐廳美味的飯菜時，會沒有意識到這是公司在為他們著想嗎？能不感激老闆的愛護和關心嗎？

 抓住歡迎和送別的機會，表達對員工的關心

員工流動是常常碰到的事情，粗心的領導者總認為不就是來個新人或走個老鳥嗎？來去自由，願來就來，願走就走；但如果領導者有這種想法是很不可取的。善於體貼和關心員工的主管，會注意員工來報到上班的第一天；聰明的主管則會悄悄把新同仁的辦公桌椅和其他用具整理好，然後說：「小陳，大家都很歡迎你加入我們這個大家庭，辦公用品都給你準備齊全了，你看看還需要什麼儘管跟我說。」

員工離職也是一樣，彼此相處時間長了，在工作中疙疙瘩瘩的事肯定不少，此時用言語表示主管的挽留之情很不到位，也不恰當。而沒走的員工又都眼睜睜地看著要走的員工，心裡難免會想或許自己也有這麼一天，主管到時又會怎麼評價他呢？此時你不妨藉故請大家吃頓飯，借這個機會表達惜別之情，也讓在職員工感受到主管人性化的一面。

5-4 將員工視為工作夥伴而非下屬

身為團隊領導者，在工作中多和員工接觸和聯繫可以增加彼此的親密感，透過和他們溝通能讓領導者才華盡情的發揮，而員工也會更加努力地工作。

1 強調自己與員工有共同的目標，可以縮短彼此間的距離

領導者和員工經常溝通彼此共同的目標，可以迅速地拉近彼此間的距離；就像戰爭一旦發生，人民間的感情就會迅速地聚攏在一起的道理是一樣的。若我們能將這一技巧應用到工作上去，往往會得到意想不到的好效果。

2 與人初次相見，坐在他的旁邊較易進入狀態

相信每個人都有這樣的經驗，那就是與人面對面的談話時，通常會覺得特別的緊張。因為人與人一旦面對面，雙方眼睛的視線難免會碰在一起，容易造成彼此之間的不自在。

相反地，彼此肩並肩談話，在精神上絕對比面對面談話要來得輕鬆；因此與人初次相見時，最好坐在他的旁邊談話，往往會比較容易進入狀況。

3 將與自己關係密切的人名，寫在備忘錄的首頁，會讓他欣喜萬分

每個人對「自己」都非常敏感，一旦發現自己受到與眾不同的待遇時，通常不是感到非常興奮就是感到非常憤怒。所以可以試著把與自己關係密切的人名，寫在備忘錄的首頁，讓對方感受到你的重視，會有意想不到的效果。

4 任何事都先徵求對方的意見，可讓他感到被關切之情

任何事都先徵求對方的意見，可以讓他產生被關懷的感覺，當然會留下好印象。另外，徵求對方的意見，還可以給人一種被賦予選擇權的感覺，讓對方產生自己在這群人中是最受尊重的感覺，當然會覺得心情愉悅。

5 若與對方有共同點，就算再細微也要強調

人與人之間一旦有了共同點，就能很快地消除陌生感，拉近彼此間的距離。不但雙方感到輕鬆，也較能讓對方說出真心話、侃侃而談。例如兩個陌生人經過交談之後再無意之中發現彼此竟然曾就讀同一所中學，頃刻間就會產生出「校友加朋友」的感覺，立刻就能打成一片。

6 指出對方的服裝或飾品上的小變化，可使對方感覺我們在關心他

每個人都希望被關心，並且對於關心他的人，會自然地產生好感。因此若想讓對方產生好感，最好的方法就是積極地表現出你在關心他。因此，我們對於對方的服裝或飾品等，要盡可能的隨時注意，稍有變化就讚美幾句，讓對方感到愉快！

7 記住對方所說的任何小事，也是表現自己關心對方的方法之一

事前多少對對方有些微瞭解，是必要的禮貌。每個人都希望獲得別人的關心，一旦感覺被忽視，任何人都會感到不悅。相反地，若是表現出瞭解、關心的樣子，他就會對你產生好感。

8 每次見面都找一個優點讚美，是拉近彼此距離的好方法

如果我們每次見面都被人誇讚，自然而然地會想再見到這位樂於讚美的人，這是人之常情。因此每次見面時，都試著找出對方一個優點讚美，可以

快速地拉近彼此的距離。

9 讚美對方較不為人所知的優點，可以加深對方對你的好印象

每個人都會有值得稱讚的優點。例如對一位已經被公認很漂亮的女孩子表示「你真漂亮」，她平時可能已經被誇獎習慣了，所以很難讓她覺得開心。相反地，若能找出對方較不為人所知的優點，通常會讓對方感到意外，認為受到他人的關注，喜不自勝。

10 記住對方一些「特別的日子」，為自己提升好感度

通常，推銷技術高明的業務員，都會善用這項人們常忽略的事，來加深客戶對他的好感，讓未來成交的機率提高。例如他們會在對方的生日，打個電話祝他生日快樂；或者當對方的結婚紀念日快到時，寄一張賀卡。雖然這都只是一個小小的動作，但卻會有意想不到的好效果。

11 閒聊自己曾經失敗的事，比談自己成功的事，更易拉近彼此的距離

男人聚在一起，若聊自己曾經失敗過的事，會比談自己成功的事，更容易拉近彼此間的距離。因為老是炫耀自己的光榮事蹟，反而容易讓人產生反感，留下不好的印象。反之，用心與員工溝通、交流，不僅可以消除員工和主管之間的一些隔閡，同時也利於團隊獲取更大的利潤及產生更大的收穫。

學會雪中送炭溫暖員工

「錦上添花」的事很多人都爭搶著做，但「雪中送炭」反而才能讓人感到更溫暖。出於各式各樣的原因，員工的生活偶爾會出現一些困難，身為他們的主管，你應該懂得把握機會，這是一個關心員工的最佳時機；這種雪中送炭，溫暖員工的機遇可不能讓它從指縫中溜走。

人們對雪中送炭的人總是懷有特殊的好感。雪中送炭，分憂解難的行為最容易引起員工的感激之情，進而形成彌足珍貴的「魚水」情。

美國鋼鐵大王卡內基（Andrew Carnegie）是世界上出名的大老闆，他突出的特點之一，就是他善於對員工雪中送炭。在他的回憶錄中記載著這麼一件事：有一天，一名著急的年輕員工找到卡內基，訴說妻子、女兒因家鄉房屋拆遷失去住所，所以想請假回家處理。但因為當時公司人手比較少，卡內基當下並不想准假，就以「個人的事再大也是小事，集體的事再小也是大事」這類的大道理來對這位年輕人進行開導，試圖安撫他繼續工作。不料竟氣哭了這位員工，他憤憤地頂撞卡內基說：「這在你眼裡或許是小事，可在我眼裡是天大的事。我老婆、孩子連個家都沒有了。我能安心工作嗎？」卡內基在日記中寫道：「那一番話深深撼動了我。」他在內心對「大事」和「小事」進行多次思考後，立刻去找那位員工，向他道歉且批准了他的假，後來還為此事專程到他家裡去慰問了一番。他在回憶錄上寫的最後一句話是：「這是別人給我在成為老闆前所上的第一課，也是刻骨銘心的一課。」卡內基當時才二十三歲，那時他也只是在替他父親管理一些事務，但因此意外地得到成長。

法國企業界有句名言：「愛你的員工吧！他會加倍地愛你的企業。」領導者若想有效地關愛員工，正確地給員工雪中送炭，需要把握以下三個要點：

1 平時注意「天氣」，摸清哪裡會「下雪」

身為主管要時常與員工談心，關心他們的生活狀況，對生活狀況較為困難的員工要心中有數，隨時瞭解並把握員工後顧之憂的核心所在，及時發現哪裡有「雪」，以便尋找恰當的時機送出「炭」。

「送炭」時要真誠

任何人都不喜歡別人虛情假意地與自己相處，員工也一樣。如果他發現主管「送炭」不過是想利用自己時，就算接受了「炭」，也不會對你產生感激之情。

假如是這樣的結果，那麼你送的「炭」豈不是白白浪費了嗎？因此，在「送炭」時必須表達出真誠的態度，讓當事人和周圍所有的旁觀者都覺得，你是實實在在、誠心誠意的，認為你確實是在設身處地地為員工著想，真正地為員工做到排憂解難。

要量力而行

領導者對員工送炭時要在力所能及的範圍內進行，不要總是開出無法實現的空頭支票；而「炭」可以是精神上的撫慰，也可以是物質上的救助，但要在領導者和公司財力所能承擔的範圍內來進行。對於生活較為困難的員工，要儘量發動團隊其他員工一同來協助，必要時甚至可以要求社會伸出援助之手。同時，還要處理好輕重緩急，依據困難的程度給予照顧。

雪中送炭，是感情投資的一種重要方法，如果你擁有並活用這種手段，不僅接受「炭」的人會感激不盡，還能因此感動其他員工。這樣，他們必然懷著感激和尊敬的心理，心甘情願地為團隊服務。

將關愛之情延伸到員工家中

事業與家庭，是人生最大的兩件事，分別關係到你的成功與幸福。以謀生和成就來說，工作固然很重要，但家庭在人們心中的地位更為重要，若一個人家庭出了問題，其工作心情必然大受影響。所以，領導者在對員工以情

「攻心」的過程中，不妨將關愛之情延伸到員工家中，把員工的「後院」作為攻心切入點，適時關心員工的家庭，讓員工更加賣力地為你工作。

董超是剛調入研究所的助理研究員，以前在 ×× 中學工作。年初，他母親因膽結石手術住院治療。董超和所長聊天時，偶然談起此事，所長表示要到醫院探視其母，董超頓時感動得眼眶發紅。

他事後對朋友說：「我在 ×× 中學工作了八年，校長從沒去過我家一次；我到這個研究所不到半年，所長在勞動節時去了我家一次，這回聽說我媽病了又前去探望。人心都是肉長的，所長這麼關心我，我以後能不認真工作嗎？」

可見，將關愛之情延伸到員工家中，能讓員工充滿感激地工作；因此你要關注員工在家庭方面遇到的問題，積極幫他們解決困難。一般情況下，員工會遇到以下來自家庭的問題：

1 夫妻之間的問題

夫妻是家庭的主體，夫妻的興趣、愛好有差異，甚至完全不同，處事觀念也不可能總一致，容易出現矛盾。

比如，夫妻都屬事業型的人，都有遠大的抱負，但對家務方面的事總一塌糊塗；或對家庭的諸多開支，親友間的禮尚往來等方面的問題，夫妻間常意見不合；甚至會有一方身體不適、重病住院，甚至罹患不治之症……等等狀況。

2 子女方面的問題

未成年子女常常有這樣那樣的疾病；有的社區入托兒所難，入幼稚園難，甚至入小學也難；子女叛逆、翹課、成績差，升不了高中；子女「苦讀寒窗」十幾載之後，大學落榜，還要為其找工作，安排出路等。

3 長輩方面的問題

因為工作忙，對夫妻雙方的父母親照顧不周，或因為夫妻某一方「存有私心」，不能平等對待雙方父母，讓一方產生不滿，導致家庭不和睦；且老人難免有三病兩痛，最後還得「養老送終」等。

4 家庭其他成員相互關係方面的問題

家庭除了夫妻之間的矛盾以外，其他家庭成員之間也常發生矛盾，其中婆媳之間的矛盾最為普遍且複雜。

5 經濟方面的問題

家庭經濟不寬裕，家中成員收入入不敷出；或突然要支付一筆很大的開銷，使家庭經濟陷入困境，以上這些問題常常會給員工帶來困擾，如果處理得不好，會直接影響到員工的工作情緒。

勿以善小而不為，如果能適時地對員工家庭、家人表示關心，及時伸出援助之手，解除他們的後顧之憂，他們能不感激，能不賣力地為團隊、為公司工作嗎？

5-5 傾聽並化解員工的負面能量

俗話說「一人難稱百人心」。在團隊中，領導者作出一個規定，提出一個要求或是一個意見時，很難做到讓每位員工都滿意。於是，員工就會從多種管道時不時傳出一些「抱怨聲」。例如：個人的工作成績沒有得到應有的認可和肯定；自己提出的建議沒有得到應有的重視和採納；工作環境壓抑、人際關係緊張，甚至同一個辦公室彼此間也不來往……這些抱怨都會影響員工工作的積極度和熱情，從而嚴重影響整個團隊的效率和效益。而這些抱怨的產生，究其根源均在於溝通不夠、溝通無效或溝通障礙。

正確對待員工的抱怨情緒

作為領導者，該如何處理這些來自不同管道的抱怨聲呢？充耳不聞，還是在規章制度裡明確寫上不抱怨、拒絕抱怨？在一個團隊裡，抱怨是不可避免的，關鍵在於你如何去正確面對員工的抱怨。

心理學中的霍桑效應（Hawthorne Effect）告訴我們：不良的情緒要及時宣洩，而宣洩就像心理排毒一樣；當員工有憤怒、不滿、抱怨等不良情緒時，宣洩能讓他們儘快恢復平靜。相反，如果員工不滿的情緒得不到釋放，經過長年累月的累積就會演變為抱怨、抵觸等負面情緒。若他們將這種情緒帶到工作中去，自然會影響到工作的效率。

霍桑效應被廣泛運用於團隊管理中。在松下電器的一個子公司裡，設有「精神健康室」，也稱「出氣室」。房間裡擺滿了各式哈哈鏡，還有幾個代表各級主管的橡皮塑像，旁邊還備有棍子。當員工心情不好，或是對某位主管心存不滿時，就可以走進出氣室，拿起棍子狠狠地揍橡皮塑像來發洩。員工不滿的情緒得到宣洩後，就能夠避免對主管的不滿轉移到工作和團隊氣氛中。

優秀的領導者從來都不會對員工的抱怨聲裝聾作啞，相反地，他們平時會經常觀察員工，以熟知他們的情緒。當發現任何人稍有不滿的情緒時，領導者就會主動跳出來，作他們最忠實的聽眾，透過傾聽將不良的情緒引導、宣洩出來。

若想提升駕馭員工的能力，最快捷、最容易的方法之一就是用同情的心理，豎起耳朵傾聽員工的談話。然而，要成為一個好的聽眾，你必須做到以下幾點：

1 耐心傾聽員工的抱怨

其實，員工的抱怨有時無非是為了發洩，因此，他們需要能夠傾訴的對象，而這些聽眾往往是他們最信任的人。所以，當你發現員工在抱怨的時候，最佳的策略就是傾聽，表現出你很專注在聽他說話。

你可以找一個適當的環境，讓員工無所顧忌地抱怨，即使對方的抱怨聽起來毫無意義，你也不可以做其它事情或者表現出坐立不安，相反，你要適時地給出回應，比如點頭並說一些諸如「這一定很難受」以示同情或安慰之類的話。

只要你能成功讓員工在你面前抱怨，那你接下來要做的說服工作就簡單多了，因為你已經獲得對方的信任。記住，抱怨者首要的需求就是感覺自己的意見被傾聽、被尊重。且對於抱怨者來說，通常抱怨前他們就已經知道自己該如何解決這個問題，他們只是單純想將不悅一吐為快罷了。

另外，為了更好地瞭解員工的抱怨，在傾聽的時候，也要注意抱怨者的面部表情、儀態、姿勢，以及他雙手乃至全身的動作。要明白，成為一個優秀的聽眾，不僅要豎起自己的耳朵，還要睜開眼睛，「聽」懂員工的弦外之音。

 儘量瞭解起因

俗話說「無風不起浪」，任何抱怨肯定都是有原因的。領導者若想要妥善地解決員工的抱怨，就要儘量瞭解員工抱怨的原因；除了直接從抱怨者那裡瞭解事件的原委，你還可以聽聽其他員工的意見。但如果是因為團隊關係或者同事關係產生的抱怨，那麼你一定要認真聽取雙方當事人的意見，千萬不要偏袒任何一方。

在事情沒有完全瞭解清楚之前，你千萬不要發表任何意見和言論；過早地表態只會使事情變得更加糟糕，更加難以解決。

 提供你的見解

有的主管會認為員工因為地位不高，平時有些牢騷也是很正常的，沒有必要大驚小怪。但這種想法是錯誤的，抱怨是一種消極的情緒，它很容易在團隊中擴散開來，若員工間互相感染消極的態度，會造成工作效率低下或更糟的狀況發生。因此，作為領導者，對待員工的抱怨，首先要給予足夠的重視，只有重視了才有可能認真地想辦法去溝通、去解決問題。

做了前面的工作之後，相信抱怨者已經開始慢慢恢復平靜，一旦抱怨者恢復平靜，也說明抱怨進入尾聲，這時你可以問他：「說出來對你有幫助嗎？」無論答案是「是」、「不是」，還是「有點」，都不重要，關鍵是你透過這個問題營造了一種氛圍，讓抱怨者明白你是為了幫助他。

真誠地聆聽了他的抱怨，也竭盡所能地幫助他回到正軌，此時你可以結束這場談話了。如果他回答的是「是的」，那麼，你就可以根據掌握的情況提出你的建議。

此外，在你們的談話即將結束的時候，你可以告訴他，有比抱怨更好的選擇；如果是他對周圍的環境感覺不舒服，那就試著從下列的提問，與對方討論出改善的方法：

- 什麼讓自己感覺不舒服？
- 為什麼這些因素會讓自己感覺不舒服？它有什麼不合理的地方？
- 那些措施能讓它變得更加合理呢？
- 在什麼時間、由什麼人去執行這些行動呢？

如果有必要，你要立即採取相應的改正措施

上述幾個步驟對於大部分抱怨者來說都是有效的，這會讓他們在幾分鐘內平撫情緒，冷靜地思考。然而，如果員工或同事總是抱怨不停，甚至在領導者與其談話之後還是不停地抱怨，那麼就存在兩種可能：

- 抱怨者本身可能存在精神上的問題，而且這個問題已經影響到了工作場所。如果是這樣的話，作為他的主管，你應該建議抱怨者立刻去做相關的心理諮詢或者求助醫療援助。
- 抱怨者和他的工作之間可能存在著某種不匹配的情況。因為這種匹配關係難以逾越，解決起來會很麻煩，此時最好的辦法就是調整其職位或者辭退。

無論是哪種情況，領導者絕對不可以對員工的抱怨和不滿掉以輕心。員工可能不會單純因為心存抱怨而憤然辭職，但會在其抱怨無人聽取、沒有人在意或關心他們的情況下辭職，因為他們感到自己不受尊重，從而萌生去意。作為領導者，如果你希望自己的員工滿懷熱情地去工作，那麼你就應該多花點時間去瞭解他們的內心，傾聽他們的訴說。

幫助情緒低落的員工重新振作

傑出的領導者在遇到問題時，都能夠得心應手地開導員工，不僅可以引導員工按照他的思路一步步找到問題的根本原因，避免衝突，還能適時地鼓

舞人心，激勵他們工作的熱情。

休斯・查姆斯是現代企業界的傳奇人物，他的領導技巧令許多同行叫絕，彼得・杜拉克（Peter Ferdinand Drucker）也稱讚他是「領導大師」。他在擔任美國國家收銀機公司銷售經理期間，曾解決過一場危機；當時該公司的財務發生了困難，而這件事又恰巧被各地負責推銷的業務知道，因此讓員工失去工作的熱情，公司業績開始逐漸下滑。情況甚至嚴重到查姆斯和他手下的幾千名業務可能會一起被「炒魷魚」的地步。於是，查姆斯決定召開全體業務大會，將全國各地的業務召回了總部。

查姆斯親自主持這場會議。首先，他請幾位資深業務談談銷售量下跌的原因，這幾位業務都向大家傾訴著同樣的原因：經濟不景氣、資金缺少等。正當第五位銷售人員開始列舉無法達到平常銷售配額的種種困難時，查姆斯突然跳到桌上，高舉雙手說道：「等等，大家先暫停十分鐘，等我把我的皮鞋擦亮。」然後，他從容地請坐在旁邊的小男孩把他的鞋子擦亮，而他就這樣站在桌上不動。在場的員工全都驚呆了，有一些人甚至認為查姆斯瘋了。

小男孩擦亮了查姆斯的第一隻鞋子後，又去擦亮另外一隻，他不慌不忙地擦著，表現出一流的擦鞋技巧。

皮鞋擦完之後，查姆斯給了小男孩一塊錢，接著發表他的想法：「我希望你們每個人都好好看看這位小男孩，他在我們的辦公室裡有工作權。他的前任年紀比他大很多，公司每週還額外補貼他五元的薪水，但他仍然無法賺取足以維持生計的費用。然而，這位小男孩卻可以賺到相當可觀的收入，且他們服務的物件完全相同。現在我問你們一個問題：前任員工拉不到更多的生意，是誰的錯？是他的錯還是顧客的錯？你們賣不出產品又是誰的錯呢？」

大家相互看了看，不約而同地回答：「是我們的錯！」

「我很高興你們能坦率承認是你們的錯。」查姆斯說道，「我現在要告訴你們，你們的錯誤在於你們聽到了有關公司財務發生困難的謠言，這間接影響了你們工作的熱情。因此，你們不再像以前那樣努力推銷。現在你們回到自己的銷售區去，並保證能在三十天內賣出五台收銀機，那這樣公司就不會再發生什麼財務危機了，五台之後再賣出去的就是你們淨賺的。你們願意這樣做嗎？」

大家都表示同意，而且大家也都辦到了。在不到一個月的時間裡，所有業務都超額完成了任務，替公司淨賺了一百多萬美元。

雖然公司本身並不能給員工以自信，但卻可以給員工創造機會，讓他們去夢想、去冒險、去戰勝困難，並從中獲得自信。在員工遭遇迷茫、困惑的時候，你要想方設法讓員工看到希望，讓他們堅信，透過努力，是可以克服前進道路上的任何障礙的；當員工看到希望並為這個希望而努力時，就沒有任何困難可以阻擋他們了。

自信不但能夠激發出潛伏於員工身上的巨大生產力，而且還能發展出一種全新的職業道德。如果領導者能夠營造出一種自信的氛圍，放手讓員工自由地發揮潛能，那麼團隊因此獲得的生產力將超出你的想像。

但要激發員工的自信，除了信任之外，你還需要更多的技巧：

 幫助陷入情緒低潮的員工重新振作

在工作的過程中，大家都會有一兩次失去信心的過程，也就是所謂的情緒低潮，而面對這些陷入情緒低潮的員工，領導者通常都會責備其缺點，但這樣反而會造成反效果；受責備的員工會逐漸失去自信，甚至越陷越深。

員工的失敗往往不在於做錯選擇，多半是對自己所做的選擇缺乏自信，無法貫徹到底所致。面對這樣的員工，與其花時間和他討論應該如何選擇，

還不如鼓勵對方為自己所做的選擇感到自信，並給予他實踐的勇氣。

「只要相信自己的能力並努力工作，就必定能夠成功。」若你能這麼對員工說，使他們產生自信和動力；那些期許他們的話就會變成一種強烈的暗示來支配人心，促成自信的形成，驅使他們朝著那些期許來邁進，進而實現。

2 鼓勵情緒低落的員工自己解決問題

在工作中，員工情緒低落的情形屢見不鮮。當員工陷入情緒低潮時，會因為不能脫離困境而痛苦不堪。此時，領導者往往會邀請他：「今晚我們去喝幾杯如何？」想借此機會分享適當地改善方法。

但是，你最好不要這樣做。因為情緒低落是成長過程中必然會發生的狀況。當他們在工作上碰壁時，若能自己將問題解決，能讓他們迅速建立起自信心。因此，當他們情緒低落時，如果你不讓他們自己去克服，日後必定養成凡事依賴他人指導的心態，而無法自我超越。教育與訓練人才的最終目標，就是要讓他們能夠自立與充滿自信。所以，你不妨把情緒低落視為磨練他們的一種時機。

「企業經營之神」松下幸之助曾有這樣一句名言：「因為困難（而學習），所以（將來）便不再有困難。」這句話可謂簡潔而有力地表達了情緒心理學的內容，因為只有以自己的力量去克服低落的情緒，才能真正增強自信。

3 給喪失信心的員工分配重要任務

員工把工作搞砸了，其內心的痛苦與沮喪可想而知，此時領導者切不可在員工的痛處上再撒鹽。因為任何指責都於事無補，更可怕的是，還可能進一步打擊到他的自信心。因此，聰明的領導者千萬不要責備員工，應該想方設法重新燃起他的自信心；而最好的辦法莫過於為他們分配重要的任務，一旦員工體會到完成重要任務時的成就感，其自信心也就會再度被點燃。

Chapter 6

帶領團隊開創截然不同的新境界

「30% 的人永遠不可能相信你。不要讓你的同事為你幹活，而讓我們的同事為我們的目標幹活，共同努力，團結在共同的目標下面，要比團結在一個企業家底下容易的多。所以首先要說服大家認同共同的理想，而不是讓大家來為你幹活。」

——馬雲

Raise your leadership and make your team be better.

6-1 經得起考驗，將團隊危機換為轉機

無論團隊管理的多好，制度有多健全，效益有多好，或多或少都會發生一些危機。而危機可能是由外部因素引起，也可能是由內部矛盾引起，無論是哪一種，都不是大家樂意看到的。

做第一個發現危機的人

危機之所以可怕是因為它常常就是團隊毀滅性災難的代名詞，一旦無法處理，那就只能眼睜睜看著團隊步入毀滅。雖然危機很可怕，但如果能在第一時間發現並且積極處理，那麼團隊還可能從中獲得不可估量的財富。很多團隊之所以害怕危機，就是因為不能在第一時間就發現危機，等待危機蔓延到不可救藥的時候已無力回天。

危機就像是人生病一樣，如果在病症還很輕微的時候就對症下藥，那就可以很快速地把病治好，但如果不能及時發現隱患，等到病症出現時才治理，那就不是這麼簡單的事情了；所以在團隊中要第一時間就察覺出危機才是處理危機最好的辦法。那該如何推斷團隊存在危機的徵兆呢？

- **經濟效益下降：**一個團隊如果沒有辦法保證效益，就說明團隊內部發生了一些病變，本身沒有能力處理和應付成本、銷售之間的關係，導致團隊的利潤下降。而這是一個危險的信號，團隊的存在就是為了獲取更大的利益空間，如果團隊無法實現盈利，那麼就應該有一些措施來遏止這種狀況。
- **團隊管理層離職：**在毫無徵兆的情況下，若有團隊管理層離職也可能是一種病變的信號，尤其當這些離職的管理層跳槽到競爭對手的團隊時候，更要提高警惕。以管理層來說，他們更容易察覺到團隊的問題，所以如果他們離開了，可能就代表著團隊有一定的隱患。且管理層的離職將影響整個團隊正常的運行，必須馬上進行處理。

- **檢查頻率增加：**無論是作為政府部門的檢查還是職業工會的檢查，頻率過高一定不是什麼好事。這個時候團隊必須馬上做自我檢查，查出團隊內部的毒瘤，著手處理，避免危機爆發。
- **支付過多利息：**雖然說團隊會有很多事務需要透過借資金來完成流動，但過多的借貸意味著要支付過多的利息。若團隊把大部分的收入用來支付銀行的利息，那平時就沒有足夠的資金來支援團隊發展和應對臨時的財務危機。
- **被媒體關注：**媒體關注團隊或許是一件好事，但也不要忽略媒體的力量，當團隊被媒體關注的時候，任何事情都可能被放大。團隊的優勢被放大，團隊的錯誤、失誤也同樣地會被放大；而且在面對失誤和錯誤的時候，媒體是絕對不會手下留情的。

而這五個徵兆其實只是冰山一角，對於團隊來說，財務狀況、經營方針、投資狀況都可能是團隊危機爆發的徵兆。你若要當第一個發現危機的人，對團隊就要有足夠的認識，對整個行業也要有很敏銳的觸覺，才能從細小的症狀中就發現危機。

且任何事情的發生都會有一些前兆，團隊的發展也是一樣的，沒有危機可以毫無徵兆的出現，所以發現危機的人一定是對團隊有深刻的感情和全面的認識，才能在大家都看不清的情況下首先發現問題。當然，除了對出現的徵兆有一定的認識外，還需要從很多方面搜集資訊；而要讓自己對危機的敏銳度提升的話，應該怎樣做呢？

1 大環境資料

每一個團隊都在國家經濟和政策影響下生存，國家的經濟政策影響著整個經濟發展的速度和方向，而看似和政策無關的行業也可能受到間接的影響。所以，作為一個領導者，如果不能夠發現大環境對團隊的影響，就無法妥善地應對危機。

國家經濟政策包含：重大經濟政策的變化、總統的言談、銀行政策的變化、政策支持程度、經濟成長狀況、資源多少……等，這些都是每一個團隊需要清楚並掌握的，政策中的一個詞，甚至是一個字的異動都可能為團隊帶來意想不到的危機。

2 產業動態

業界的專家和權威，或是一項新技術都可能為整個產業帶來不一樣的改變。如果整個產業的市場走向在改變，勢必沒有團隊可以獨善其身，除非這個團隊能在趨勢變化之前就發現危機並且做出積極的應對策略。

產業動態包括：產業走勢、法律法規、產業的利潤率、產業的前景、技術的革新、產業的普及問題。其實產業是一個牽一髮而動全身的整體，只要其中一個部分出現問題，任何團隊都會受到影響，沒有一個團隊可以脫離產業而獨自存在的。

3 團隊相關群體

與團隊相關的包括供應商、顧客、經銷商、員工、相關部門等等，只要是和團隊產生合作、監察和利益關係的都屬於團隊的相關群體。而這些群體的變化也會導致團隊陷入危機，比如客戶對團隊產生的不信任，供應商的供給出現困難，相關部門的政策變化。相關群體的改變看似只是他們自己的改變，但其實對團隊的影響是不可估量的，對團隊的日常運營更是一種考驗，團隊的形象、品牌都會造成不小的傷害。所以關注團隊相關群體，具備應對他們變化的策略，才是團隊發現危機的關鍵。

團隊內部

一棵大樹枯死常常是從根部開始，同樣的道理，團隊內部的危機占所有危機的大宗；如果內部發生病變，那麼團隊倒下的可能性比外部危機更大。但團隊內部危機的處理要比團隊外部容易，因為內部很多的因素都是可以控制和改變的，內部資訊包括：財務資料、人力資源、經營狀況、投資方向、技術指標等等，這些都可以反映整個團隊的發展狀況。且內部資訊的準確性比外部資訊要更高，所以說團隊的內部危機是最容易發現並化解的。

其實無論是哪一種危機，只要能夠及時、及早的發現，都可以輕鬆處理；我們無法阻止危機的來臨，但是可以預防、減少危機對團隊的傷害。危機是由危險和機遇組成的，也就是說，如果能夠及早發現危險，就可以化危機為轉機，但如果沒有辦法及時處理危險，那麼就變成無可救藥的情況。

而且危機不會是單獨出現，它可能引起無數的連鎖反應，所謂禍不單行就是這個意思。只有不斷的發現危機，並一個個解除，才能夠為團隊創造一個優質的發展空間。

別讓內部矛盾影響團隊的戰鬥力

在日常工作中，領導者無法避免要面對一些矛盾和衝突。而這些矛盾和衝突，不管是來自上下級之間的還是團隊內部的，如何應對和處置，都是對領導者能力嚴峻的考驗。

解決矛盾與衝突，是每一個領導者都會遇到的課題。我們必須有一個正確的觀念，世界本就存在於矛盾和衝突之中，就算舊有的矛盾解決了，新的矛盾也會不斷地湧現，這是自然和社會發展必然引發的規律。且正因為存在著矛盾和衝突，才需要你來協調和處理，這是你在領導管理活動中一項重要的職責。

任何一個團隊在長時間的發展中必然存在著誤解、衝突和矛盾，而矛盾會破壞團隊的和諧與穩定。基於這種認識，領導者要將防止和解決衝突作為自己重要的任務，並將化解衝突視為維繫組織穩定和保證團隊發展的主要方法之一。若認為團隊不應該存在任何衝突，顯然就是領導者對其團隊的理解並不夠全面。

而且並非所有矛盾都是有害的，有時候反而需要不同的觀點互相碰撞才能迸發出改變的火花。如果有一天，團隊成員都能夠自由地表達自己的心聲或喜惡，那麼團隊必會因為多元化而受益；如果僅表面上意見完全一致，團隊則不會進步，也沒有任何創意與改良，更不用說彼此之間互相學習勉勵了。譬如你的兩位員工對某個問題見解不一致，那麼作為主管，最恰當的做法就是先表達你的感謝之意，感謝他們對這個問題的關心，然後再請兩位將彼此間的見解協調、折衷一下，仔細探討一下到底是誰的方案比較好。

當然，有一些矛盾和衝突會影響團隊團結和戰鬥力，對於這種矛盾，你就要採用適當的方法協調了；而在具體協調時，你應該把握以下幾個原則：

1 深入調查以掌握真實情況

領導者要成功地解決員工之間的矛盾糾紛，首先必須深入的研究調查。在調查中不能走馬觀花、浮光掠影，既要聽「原告」的，又要聽「被告」的；既要聽當事人的，又要聽旁觀者的。並在深入調查的基礎上，對所掌握的材料進行系統的分析和研究，而且透過調查研究你要掌握下列情況：

- 矛盾衝突的起因、經過、狀況和走向。
- 矛盾衝突雙方的觀點、理由、要求和動向。

- 屬於無原則的矛盾衝突，還是原則問題上的衝突。
- 矛盾產生的原因是意見上的分歧，還是利益上的衝突。

掌握了以上情況，才有便於對症下藥，成功調解員工之間的矛盾糾紛。

2 確定解決問題的標準

解決問題的標準，從某種意義上來說，就是解決問題時希望達到的目標，它決定了解決問題的根本出發點；且目標的確定可以說明你下決心不姑息某一方面的利益，作出果斷的決定。另外，確定目標也是解決不同意見的必要方法，當幾種意見同時出現時，你要向員工明確團隊的工作目標，而這是實現求同存異的一個好方法；若員工發現自己與對方是在爭吵同一件事時，他的怒氣就會消去很多，也會更樂於接受和聽取其他人的意見。

3 保持公正客觀的態度

保持公正客觀的態度才能讓矛盾衝突得以平息或化解，不公正的處理只會強化矛盾。

毫無疑問，領導者也有喜惡和偏愛，但當你是以仲裁人的身份出現時，就必須用客觀的角度分析整個事件。如果你沒有把握能做到公正，那麼就多聽聽局外人的意見。

主管積極調解員工之間的矛盾糾紛，是為了使員工之間消除積怨，放下彼此的不滿，振奮精神，加強合作，心情舒暢地投入到工作中去。所以，在調解糾紛的過程中一定要依據事實和政策，公平公正，合情合理；與人為善，公平正直，是成功調解員工之間矛盾糾紛的根本保證。

4 循序漸進地處理矛盾衝突

在處理矛盾衝突時切忌急躁。如果你不耐煩於無休止的調解，便以主管的身份去下達命令，反而會使情況更糟；所以，你應隨時保持冷靜的態度，用商量的口吻與員工溝通，以寬容的心態同他們對話，這樣才能圓滿地處理好矛盾衝突。

5 善於利用最能解決問題的人

雖然你是領導者，但最能妥善解決問題的人也許並不是你。很多時候，你必須借助其他能解決問題的人，他們既可以是某類問題的專家；也可以是衝突雙方的直屬主管；甚至可以是與這件爭端有聯繫的其他部門的主管。開誠布公地討論問題，用最直接的方法解決矛盾，盡力促成他們的互相理解，並達成意見一致，這樣一來，矛盾就解決了。員工一般都支持一方的權威，一旦他們的主管作出決定，他們自然也會跟著作出讓步。

6 採取對雙方都有利的措施

處理衝突的根本目的是化解宿怨，達到團結一致；就這一點而言，任何不利於雙方平息怨氣的行為都是失當的。首先，在具體處理問題的過程中，不要把雙方的工作表現和工作成績進行比較，否則只會增加雙方的競爭壓力，使矛盾更加強化；其次，要以整個團隊的利益作為標準，保證雙方都能獲得利益，這是促使他們各自作出讓步的較好方法。

7 不要輕易介入非工作的矛盾

在團隊管理中，若員工的矛盾不是起因於工作，而是戀人、夫妻或親戚之間的矛盾，那領導者不要輕易介入；一旦介入，就很有可能把自己套牢，所謂「清官難斷家務事」就是這個道理。當然，員工之間的非工作原因產生的矛盾有時確實會對工作產生不良影響，但你只需要從影響工作的角度切入，在必要時做善意的提醒就可以了。

6-2 反思危機下的團隊問題

危機的到來不是無緣無故的，更不會空穴來風，任何危機的發生都代表著團隊出現了問題。若想讓團隊快速成長就要學會面對危機，懂得從危機中獲取財富，我們這裡說的財富不是簡單地指金錢，而是用再多錢都買不到的經驗。每一次的危機對團隊來說都是一次痛苦的經歷，如果不能深究痛苦的原因，那麼下次就有可能再面臨一樣的問題，更可能因此讓團隊倒下。

產生危機的原因

團隊遇到危機就像人生病一樣，病情嚴重的時候需要醫生做一些緩解病症的治療，而這個過程就是團隊在處理危機，當危機得到穩定以後，還要進行團隊的反思。只有經過了這一系列的過程，整個危機處理才算是完成，形成對團隊有意義的經驗財富。

在對危機進行反思的時候要注意遵循幾個原則，這樣才能在最後的總結和反思中獲得最大的收益，讓團隊朝著正確的方向發展。

- **全面原則：**很多時候危機的產生並不是單一因素的結果，而是由眾多原因彙集而成的。所以在找原因的時候要注意全面性，不能認為只要找到其中一個原因就可以了，其他的可以忽略。危機是在多重因素作用下而產生的威脅，只有把所有因素都找到才能得出最客觀、最正確的結果。
- **客觀原則：**我們知道團隊出現危機可能是因為某個決策或是某人所導致的，因此我們在反思的時候，要能夠客觀地認清自己或者別人的過錯。通常我們在發現別人錯誤的時候會比較客觀，但在挖掘自己的問題時，就會替自己找各式各樣的藉口；但在錯誤面前沒有任何的理由，只有自己做得不夠好，團隊也是如此。

- **深入原則：**很多原因都藏在表層下，且深層的原因則更深入於表層原因下面，藏匿在一層層之下；所以在剖析危機產生的原因時，要深入事情的最底層，才能找出問題的罪魁禍首。很多時候我們會以為找到根本原因了，但其實都是很表面的，所以若要找到更深層的原因就要多問幾個為什麼？目的是什麼？
- **追究原則：**找原因其實就是在追查責任，團隊之所以會出現問題，肯定是有人在工作或者決策的時候出現錯誤。一旦查出原因找到相應的責任人後，無論其職位有多高之前的貢獻有多大，都應該承擔責任。
- **改正原則：**在反思的時候，重要的不僅是思考的過程，而是思考後的改正行為。如果只是嘴上說說、心裡想想，而不實施具體行動，那麼這種反省是沒有意義的；一切都應該以實際行動來作為評判的標準，這樣反思才能夠不斷促進團隊進步和發展。

反思是對自身行動的一個深入的評判，它能夠不斷修正我們向前的方向，讓自身更加強大。當然，團隊和個體有一定的差異，但兩者在反思自身的原因上其實有著很多共同點的；尋找原因不是為了糾纏於過去的事情，也不是非要多少人站出來承擔責任和損失，其最大的目的是要能在未來的進程中及時發現危機，並且在危機出現的時候能有更圓滿的處理辦法。

雖然團隊遇到危機的原因形形色色，但總結起來也就是幾個方面，只要把這些方面都審視一遍，你會發現其實有很多危機是團隊可以先預防、避免的。下面我們就來看看團隊出現危機的原因都有哪些？

1 缺乏危機意識

古人說過：生於安樂，死於憂患。很多團隊的衰敗就印證了這句話，團隊在處於比較順利的狀態時，會給人一種假像，認為自己是一個無堅不摧的組織，任何困難和危險都不會倒下；而團隊成員也會因為取得的一點成績就沾沾自喜，認為自己很了不起。

且團隊中還有這樣的人，他們可能已經發現危機了，但認為處理危機是領導者和危機小組的事情，自己沒有必要多管閒事，僅冷眼旁觀，看著危機在團隊中爆發。

2 團隊不能順應市場的變化

如今的市場是一個逼迫產業和團隊不斷透明的環境，因市場資訊取得容易，顧客越來越精明，不再一味地聽從商家的建議和介紹。且競爭者越來越多，大家之間的競爭已不僅僅是價格、品質，還有團隊的形象和服務品質。

如果你的團隊沒有辦法認清楚這個現實，不能隨著市場的變化而變化，那麼終究會被消費者、市場淘汰。市場的變化對於很多不願意進步的團隊來說就是危機，而且這類型的危機會讓團隊無法在短時間站起來。

3 資金緊缺

資金是一個團隊，一個企業的救命仙丹，但如果團隊的資金鏈出現問題，那麼就會影響團隊正常的運作，這種時候就算有一套再完美的危機處理辦法，也如同巧婦難為無米之炊，難以下手。

資金可說是一個團隊的血液，如果血液流動的不好，那團隊又怎麼可能健康呢？無論團隊有多麼完善的投資方案，也要隨時確保團隊的流動資金是否足夠。

4 團隊核心集中於一人之手

團隊若能夠在激烈的市場競爭中生存下來，就說明這個團隊的核心技術是得到市場認可的。而這種時候你就要注意，無論是技術還是資源，如果只放在一個人手中，就會產生巨大的隱患；若這個人離職了，或者是跳槽到競爭對手那邊去，那麼團隊就不能正常運作下去，對團隊而言是非常嚴重的災難。

無論是什麼原因導致團隊陷入危機，我們都要用客觀、公正的立場找尋原因，並在找尋的過程中學會改正和想出應對的辦法。而且在反思危機發生的原因時，不能只停留在「想」上，應該做出具體的行動，只有行動才能讓團隊在未來的發展中避免再次遇到相同的危機。反思的同時，你還應該做出總結，明白這樣的前進路線是不對的，以後不應該再選擇這樣的方式管理團隊；反思最大的意義在於讓團隊自我省察，避免在未來的路上重蹈覆轍。

防患於未然的全域意識

全世界對疾病的態度都是以預防為主，若等到發生了才做出挽救，可能產生更大的損失。團隊也是如此，如果能把危機的防範意識植入到團隊每位成員腦中，樹立起全域意識，那麼很多危機都可以及時預防。

危機是一個由小到大的過程，防範的意義在於讓危機還沒有形成或還只是小問題的時候就解決掉它，近而保證團隊不受到損害或者將損失降到最低。在預防的時候，可能需要投入一些資源，但不見得可以得到直觀的效果，所以領導者要站在一定的高度上看待問題；小心駛得萬年船這句話在任何時候都不會過時，也不要吝嗇於那一點點付出。

我們說過，危機是一個變化的過程，我們可以在危機還沒有爆發的時候就把它解決掉，而這當然是最好的結果；所以，我們要先瞭解危機的發展是一個怎樣的過程，才能有效地防範並解決它。

萌芽期

這個時期的危機就像是剛萌芽的種子，只露出一點點端倪，如果團隊在這個時候發現危險的話就能直接把危機消滅。但這個階段的危機隱藏的很深，如果你跟員工沒有嚴格自律性和極高的敏銳度是很難發現的。

2 生長期

危機在躲過團隊中自我的檢查後就會快速的生長，通常這個階段的危機已經能夠察覺，也已形成一定的影響，如果這時團隊還是沒有發現或加以重視的話，它就會得到更好的生長空間。且正在生長的危機通常能被一些比較細心的人發現，所以這個階段的危機還是可以預防和消滅的。

3 成熟期

一旦進入成熟期，就代表危機已經爆發，並且透過不同的形式展示在人們眼前，若這時團隊還想要把危機去除已經緩不濟急，大家只能儘量透過危機公關和危機團隊來化解暴露的危機。而且很多團隊通常都無法處理得很好，因為之前的不重視，所以面對突然爆發的危機，往往會表現得措手不及，不知從何下手。

4 擴散期

如果危機爆發後，團隊還不能妥善處理的話，就會進入可怕的擴散期。尤其現今網路十分的發達，傳播速度可是以幾何倍數瘋狂增長；到這個時期，團隊已經完全不可能消滅危機，大家只能透過不斷地資訊傳播，維護團隊形象。

5 枯萎期

危機爆發完後，整個危機推進至枯萎時期，這個時候外界對團隊的關注度下降，團隊的首要工作就是查找原因、處理善後並公佈真相。

從危機的發展階段來看，團隊能夠預防、遏止的階段只有在萌芽期和生長期，且前提是要能及時發現問題，但這並不是一個說發現就能發現的過程。團隊中需要有敏銳度強烈的人，他能洞察未來並分析局勢，但這樣的人並不一定可以獲得所有人的認可，所以預防的本質還是團隊成員平時能對工作的認真和負責。

而團隊要能在危機中屹立不倒，或者減少在危機中的損失，就要從自身做起，只有團隊強大了，才能夠抵禦任何的危機；那麼又應該從那些方面強化呢？

1 產品品質是一切危機的絆腳石

很多團隊產生危機的原因都來自於產品品質的不合格。如果相關部門沒有查驗且曝光的話，團隊可以過上安穩的日子，一旦相關部門檢查出問題了，團隊就開始面臨危機。所以，對產品品質監管不嚴其實就是危機的萌芽期，如果大家不能夠加強對品質的重視，那必然會為團隊帶來更大的危機。

產品的品質是團隊的生命，如果生命沒有保證，那危機管理再好也是沒有用；與其煞費苦心地防止露餡，不如踏踏實實做好產品。

2 服務必須到位

雖然你要確保產品沒有品質問題，但產品的畢竟是人在生產，所以難免會有疏漏， 而這種時候就一定要有良好的售後服務，服務的目的不是只為了把東西賣出去，而是要讓客戶滿意。唯有得到客戶的信任後，未來團隊若真的發生錯誤和危機，也能夠獲得客戶的支援，重新再站起來。

模擬危機，檢測危機管理制度

不得不承認，很多團隊在面對危機的時候都有一種飛來橫禍的感覺。雖然我們都希望能夠在萌芽期就將危機消滅，但也不能保證完全不會有疏漏；所以領導者應該要有這樣的意識，建立起健全的危機管理制度，讓團隊在面對危機的時候不會不知所措。

但建立制度並不代表絕對的安全，很多制度在實行的時候會發生難以預期的狀況，所以團隊應當經常模擬危機發生的情況，檢視管理制度是否能夠應對，如果無法應對就不斷地調整，將制度完善和強化。

從團隊利益出發

很多危機不能被發現的原因在於不被團隊重視，認為不可能發生；他們用團隊的利益來賭博，以致於最後輸得一乾二淨。

從短期來看，對危機進行預防管理需要花費團隊的人力、物力和財力，而且危機管理也不像銷售、設計、客服等有具體和實際的工作可做；所以目光短淺的人會覺得危機管理是在浪費資源，沒有實際的效果，等到真的發生危機的時候才來尋求辦法化解。因此，真正為團隊著想的人，應該長期來看，以團隊利益為出發點，而不是斤斤計較於那耗損的成本。

團隊的發展需要一個長遠的規劃，如果總著眼於眼前的利益，捨不得投入一些資源，就可能損失更大的利益。預防的力量總大於應對，站在團隊的角度來看，投入一些資源可以避免一些傷害團隊元氣的危機，說不定還能夠在危機中發現機會，為團隊提供更上一層樓的機會；捨棄部分小利益，獲取更大的回報，這才是團隊必須要有的全域觀念。

6-3 塑造出獨特的團隊文化

管理學大師約翰．科特（John P. Kotter）曾說：「只要你是成功者，你就會有一種企業文化，不管你是否想要。而沒有企業文化的，只會是那些長期以來不斷失敗而且還會繼續失敗的公司」。

團隊文化是團隊的精神養料，一個沒有團隊文化的團隊，不會是一個好團隊，也沒有機會成為一個好團隊；建立優秀的團隊文化，是讓團隊凝聚、發展的最佳助力。

如何塑造團隊文化

每個人就像一滴水、一粒沙，而團隊就是一個容器，將每滴水、每粒沙聚集到一起；團隊文化則是為了達到某個目標，使這些聚在一起的水和沙形成相同的形狀，使團隊站得更穩，吸引更多人的關注，更好地實現目標。團隊文化是一個團隊競爭力的核心，優秀的團隊文化能幫助企業在市場競爭中屹立不倒，戰無不勝，攻無不克。

團隊文化的建立需要長時間的累積，而且文化的建設不像一棟大樓，只要按時間施工，就能夠建成。團隊的文化是一種很飄渺但又非常有力量的東西，所以在建設之前你要先明白，文化都包含一些什麼要素？

- **團隊價值觀：**團隊的價值觀直接決定了團隊發展的方向和高度，就像一個人的思路一樣，會指引著整個團隊的行動方針和處事風格。如果團隊的價值觀在於發展自我，那麼團隊就會以自我發展為前提，不利於團隊發展的事情就不會去做；同樣地，如果團隊將賺錢作為價值觀，那麼一切的活動都會以賺錢為中心。

- **團隊使命：**團隊使命體現的是一種社會責任感，一個有良好使命感的團隊，會把團隊的社會責任承擔好，並且以責任為嚮導，培養出更加穩固的團隊使命感。使命感是一種自我感知，具有很強的主動性，所以團隊使命感常常和社會責任感結合起來，形成良好的團隊形象。
- **團隊願景：**願景是激勵團隊的一種手段，也是團隊奮鬥的終極目標，願景的可行性和高度決定了這個團隊能發展到怎樣的程度。一個優秀團隊所建立的願景會讓人忍不住想加入，為這份願景共同出一份力，且願景不是一個團隊編出來糊弄人的，而是大家確實想努力實現的東西。
- **團隊氛圍：**團隊的氛圍其實是團隊成員一同營造出來的，這種氛圍的形成又和領導者有很大的關係。若領導者積極樂觀，那麼團隊的氛圍就會偏向正面；反之，領導者緊張、衝動，那麼團隊就會較為壓迫、緊張。因此，團隊氛圍的營造並提供一個好氛圍給員工是領導者不可推卸的責任。

那作為一位領導者，又應該如何塑造優秀的團隊文化，提高團隊凝聚力，從而開拓企業的發展空間，擁有良好的發展前景呢？

1 確立文化方向

如同選擇容器的製造材料、外觀等，領導者要著眼於長遠發展，選擇健康、具有積極性且可持續的文化，才能構建一個有活力、有生命力的團隊，帶動員工將滿滿的熱情投入到工作中，共同學習進步，形成積極向上的團隊氛圍，完成共同的目標。

2 把文化融入團隊

這是塑造團隊文化至關重要的一步，也是艱難的一步。一般製作容器的過程，不只要保證容器的品質，還要考慮容器的實用性和美觀；所以領導者要身體力行，以自身的人格魅力感染員工，感召大家一起奮鬥，達成團隊的目標和任務。

文化的注入是一個長期持久的過程，你要成為員工的文化榜樣，發揮帶頭的先鋒作用，像進行有效的訓練，創造簡短順口的標語，廣發內部的宣傳冊……等，都能有效地促進文化注入團隊。

3 團隊文化固定化

團隊文化初步形成後便要固定下來，並且順利傳承，以書面形式放在公司顯眼的位置，透過潛移默化來形成員工的行為準則，使員工自覺約束自己的言行舉止，不會因為團隊內部人員的更替而荒廢。同時，隨著社會的進步和新成員的加入，要不斷完善、與時俱進，適應社會發展的需要。

4 提煉團隊的核心價值觀

團隊的核心價值觀要能被全體成員接受和認可，他們才會更好地執行和維護，而做到這一點必須依靠科學的方法和員工最大限度的參與。

具體的做法可分為三步驟：第一步，調查團隊成員現有的文化狀況，瞭解企業以及同業的文化歷史和環境條件，從而判斷團隊文化建設的現狀；第二步，分析企業的行業特徵、使命、遠景和戰略，以利將團隊的核心理念作出定位；第三步，打造正確的核心價值觀。

有一點要注意，優秀的團隊文化必須仰賴全體成員共同形成，是大家在工作過程中養成的，領導者必須尊重這一點才能塑造出大家都接受的文化，員工才會自發性地遵守和維護。

5 使員工對團隊形成歸屬感

當員工對企業、對團隊有了歸屬感後，會把企業的事當做自己的事，把團隊的利益看成自己的利益，把自己與企業緊緊連在一起，自覺地維護企業聲譽，關心企業的發展，且積極主動、認真地做好每一件事，發揮自己最大的能力，達到整體功能大於部分功能。

因此，最忌諱只關注團隊發展而忽視員工現狀的主管，你要主動關心員工的工作和生活，及時幫助並解決他們遇到的難題，使員工以積極、樂觀向上的狀態進行工作，提高工作效率，才能夠更好地完成任務和目標。

6 制訂績效考核制度

大家都知道沒有規矩不能成方圓，優秀的團隊文化同樣離不開合理的績效考核制度，一套良好的績效考核制度可同時促進團隊文化的形成、發展和完善。

它包括激勵和懲罰，嚴格且合理的制度可以有效進行管理，使優秀員工受到鼓勵繼續表現，較差的員工則能得到抑制警醒並獲得啟示、引以為戒，從而約束每位員工的行為，維護團隊的利益，保證團隊的生存和發展。

總之，文化是團隊的靈魂，一個團隊有了自己的文化，才具有核心競爭力，否則如同一盤散沙。一個企業、一支團隊只有在優秀的團隊文化的引導下，才能形成統一的整體，形成統一的行動，才有不斷前進的力量，使員工在團隊中找到自己的價值和地位，從而齊心協力、攜手共進，共同達成目標，不斷創造輝煌成績。

打造創新團隊文化

人需要不斷地學習新知識增加自己的競爭力，那麼團隊呢？團隊也需要不斷透過創新來獲取新鮮的血液，以保證團隊在社會競爭中處於優勢。從現今的市場情況來看，如果團隊總是墨守成規，那它註定會被局勢淘汰；創新可以說是進化的主旋律，無論是工具的使用還是各種發明，都是人類不斷地創新才讓生活更便利和美好。

團隊是現代社會的一種組織形式，由不同的個體集合而成，透過創造讓產品獲得利潤進而讓生活更舒適。但有很多團隊始終不能創建出一個具有創新的文化，形成制約他們發展的一個阻礙；其實團隊能夠為個人創新提供更多的資源和支持，創造更多的成功。那為什麼會有那麼多團隊無法建立起創新的文化和制度呢？這是因為團隊不小心走入了創新文化的誤區當中。

- **誤區一：**鼓勵創新卻無法提供資源。這可以說是很多團隊常常犯的錯誤，時常鼓勵員工要有創新精神，但又壓制員工的工作時間、可用資源。使得員工就算想創新也沒有足夠的條件和時間，畢竟對員工來說，好好工作是本職，創新可說是額外收益，如果因為額外收益而影響本職工作，豈不是得不償失嗎？所以創新反而變成團隊的一句口號，員工的一個奢望。
- **誤區二：**重團隊，輕個人。在團隊中應該有團隊精神，但不代表員工要犧牲自己的個性和優勢。團隊需要團結，是指大家有共同努力的方向和目標，並不是大家全用相同的方式來完成一件事；但大部分團隊雖常常強調團隊精神，實際卻壓制著員工的個性。真正好的團隊是可以求同存異，並且讓員工留有足夠的空間發揮才能和個性。
- **誤區三：**害怕內部競爭。內部競爭其實是一個利於激勵創新的機制，大家透過不一樣的方法來獲得團隊的肯定，一來可以促進團隊素質的提升，二來可以激發員工在團隊中的創造力。如果你因為害怕競爭帶來的不良後果，就用封殺的手段遏止員工成長，那麼團隊就永遠不能建立起完善的創新機制和創新文化。
- **誤區四：**團隊文化缺少創新。現在很多團隊都高舉著創新的旗幟，但並不代表這個團隊就因此具有創新的團隊文化。文化是一種氛圍，一種影響力，具有創新的文化可以不斷地影響團隊成員的創新態度和行動；同樣地，一個不具備創新文化的團隊也會阻礙團隊成員的嘗試和創造，甚至出現創造了也不敢展示的情況。創新文化並不是簡單喊幾句口號就可以形成的，它需要時間的累積和沉澱。

在現代社會中，團隊不缺少對創新的渴望，但卻無法獲得創新的青睞。團隊需要創新，需要注入新的靈魂，然而在這之前，團隊更需要營造一種文化氛圍，讓團隊成員有堅強的後盾來支撐他們發揮創造力。

常有人詬病教育會讓孩子們失去創造力，其實團隊也是一樣的，過於嚴苛的工作環境會讓人有被壓抑的感覺，創造、創新就變成紙上談兵。在抱怨團隊成員缺乏創造力的時候，身為領導者的你，是否也該反思一下團隊是否具有讓人想發揮創造力的文化氛圍呢？文化對人的影響能夠獲得更多創新的思維，而團隊成員的創新成果又累積出更濃厚的創新文化。那團隊又應該怎麼營造出創新的文化氛圍呢？

建立創新獎勵制度

一個團隊中無論要實施什麼樣的措施，只要不具有懲罰和獎勵的制度，那麼可行性就會大大降低。團隊對於創新的重視不能僅僅是喊幾句口號，開幾次會討論而已，還要有具體的獎勵辦法。這樣才能夠讓團隊成員看到團隊對創新重視的程度，也才能讓團隊成員覺得自己的創新能得到團隊的支持和肯定。

有了制度才有依據，團隊成員也才願意付出更多的時間和精力投入創新之中。雖然文化是一種抽象的東西，但你可以用具體、理性的方式來支撐；這樣才是有理有據，讓人深刻體會到團隊對於建立創新文化的決心。

領導帶頭創新

領導者作為團隊的領頭羊，應該做出表率，起到榜樣的作用。團隊成員大多都是看著主管怎麼做，自己才願意這樣做，都有一種不想做出頭鳥的心態；所以若主管能先站出來，團隊成員也就能放心大膽的釋放自己的個性和才華。

領導者帶頭創新並不是指一定要你研究出什麼特別的東西來，而是要讓領導者展現出自己能夠接受新事物並且很重視創新的姿態；透過一些小事來表明其實自己非常願意接受大家的創新，也樂於接納新事物，且一般只要領導這樣做，就能順利帶動團隊創新文化的建立。

鼓勵個性

在團隊中，應該鼓勵每位成員要有自己的個性和特點，而不是千篇一律的做事方式。團隊必須要能接受不一樣的聲音和觀念，建立一種民主、自由的研究氛圍，將創新視為團隊的一個要求，並且形成習慣，讓團隊成員無論做什麼事情，都願意再多想幾種解決辦法，這就是創新文化的一個良好開端。

人必須要有自己的個性和觀念才可以提出不一樣的想法，如果人人都一樣，那又何來創新一說呢？所以團隊應該要鼓勵個性，但同時也要讓團隊成員知道，每個人都有不同於別人的觀點，沒有人有權利隨意否決和批判，成員間應該互相尊重、互相包容。

帶領員工參與交流

把團隊帶出辦公室，走入創新交流研討會之類的場所，看看別人怎麼創新，從而啟發團隊成員的創新意識。從另一個方面來說，走出去也是團隊接納創新的一種方式，以團隊作為個體參與創新，可以讓團隊成員感受到創新的重要性。

其實這種交流會不一定能馬上想出什麼創新的想法，而是要讓團隊成員感受到這種創新的氣氛，讓他們能被激勵，認為別人可以我們一樣也可以。

5 保護團隊成員的創新成果

每一個創新成果都應該得到保護，如果創新變成抄襲，那麼整個團隊努力營造起來的創新文化也就失去了意義。而保護創新成果最直接有效的辦法就是形成制度，用明確的條文規範創新成果，並註明如果有人抄襲或者盜用將予以重罰；保護創新成果是為團隊成員建立一個安穩的後花園，這樣才能讓他們安心、放心、大膽的創新。

創新是一個團隊的靈魂，也是團隊不斷向前、不斷進步的秘密武器。如果沒有創新，團隊就如同一個垂暮老人，沒有生氣也沒有活力；反之若能建立起創新的團隊文化，對團隊來說就是文化層次的提升，標誌著這個團隊有著自己獨特的理念，並且能夠得到所有人的支持和認可。

6-4 激發創新意識，鼓勵創新思維

創新是團隊的靈魂，是團隊發展不竭的動力，世界上任何一個優秀的團隊之所以能延續和發展，無一不是歸功於創新與創造。

打造創新型團隊

在科技快速發展的今天，團隊思維與理念也必須同步發展，稍有懈怠就可能被淘汰。而創造力是一個團隊成功的必要條件，它可以點石成金；人們都希望自己具有點石成金的超能力，其實這種超能力無處不在——創新精神與創造性勞動就是實現超能力的唯一途徑。

某地山洪暴發，一棵大樹被洪水從山上沖到山腳。甲、乙二人一同發現了它，於是他們商量著如何分這棵樹。

甲很想得到這棵樹，但又不好意思說得太明白，怕引起乙的不滿，於是很委婉地對乙說：「樹是我們兩個同時發現的，你說吧，你說怎麼分我們就怎麼分！我家最近要蓋新房，分完樹我還得趕緊回家呢！」

乙聽了甲的話自然明白了他的意思，他仔細地看了看那棵樹，很大方地對甲說：「你家要蓋房子需要木材，木材對我也沒什麼用。這樣吧，樹根歸我，我回去當柴燒，其餘的都歸你好了。」

甲聽了乙的話非常高興，也很欣賞乙的大度。講好了分樹的辦法，兩個人便各自回家找人幫忙，把樹照乙的分配切開了；甲高高興興地把樹幹運回家，乙也在家人的幫助下把樹根抬了回去。

其實，甲根本不準備蓋新房，他只是為了得到那棵樹才這樣講的。第二天他就把樹賣給一名準備蓋房的人，得到了 2,000 元。乙的家人聽到這件事以後都埋怨乙，但乙只是笑了笑，沒有說話。

過了一段時間，乙用那樹根做了個大型根雕賣了 10 萬元。甲聽到這個消息後十分生氣，但也沒有什麼辦法。

因為，即使當時把樹根給甲，他也只會把它劈了當柴燒而已。和乙相比，他缺乏一種關鍵的東西，那就是創造力；乙的創造力發揮了點石成金的作用，將一個看似沒有什麼用處的樹根變成了寶貝，創造出更大的價值。

一個成功的團隊必然具有創新精神和創造力。而這要領導者努力為團隊成員創造一個寬鬆的環境，使員工的創造精神與創造力得以充分發揮。這一點說起來容易，但真正做起來卻很困難；大多數領導者都喜歡循規蹈矩的員工，他們往往把過程看得比結果更重要，因而許多新的想法、新的觀念在提出的初期就被扼殺，根本沒有付諸實踐的機會。

創新與創造一定都具有風險，所以許多員工即使有了新想法也不敢輕易表達出來。他們會認為，即使新的想法有了成效，最大的受益者也是團隊領導或團隊整體；但如果一旦失敗，其責任則要由自己來承擔。所以在一般人的觀念中，創新不創新、創造不創造都事不關己，只要循規蹈矩地做好份內工作，對得起公司支付的薪水就夠了，而這就是團隊缺少鼓勵創新精神的原因。

一個優秀的團隊必須具備創新能力，若沒有創新能力的團隊就不能稱為優秀團隊。現今，我們面對的是獨具慧眼並具有高智商的客戶群，因此我們的團隊要具備高度的彈性以及較高的創新能力，在塑造團隊文化時，領導者要把彈性以及創新能力融入其中，使每位員工都清楚瞭解「改變」是任何改善的前提，永遠不變的就是「變」，從而習慣於改變。

若想使一個團隊整體具有創新精神，就必須建立一種鼓勵創新、創造的機制，而這一機制的核心內容就是要給團隊成員嘗試的機會，只要有可能，就要鼓勵員工嘗試新構想、新計畫，同時還要給予他們失敗的機會。事實證明，一個人在失敗的時候獲得的鼓勵，比其在成功的時候獲得的鼓勵更具有推力。這種寬鬆的管理環境對打造創新型團隊至關重要。因此，作為團隊的領導者，必須為員工創造適合創新的寬鬆環境，這是身為領導者的職責。

在競爭異常激烈的今天，要想打造出一個所向匹敵的成功團隊，就必須為創新精神與創造性思維建立一個良好的發揮空間，若一味地因循守舊，其結果必定是被市場淘汰。

柯特大飯店是加州聖地牙哥市的一家老牌大飯店，由於原先設計的電梯過於狹小老舊，無法負載越來越多的客流。於是，飯店老闆準備擴建一個新式電梯，他找來全國一流的建築師和工程師，請他們一起研究該如何擴建這個電梯。

建築師和工程師的經驗都很豐富，他們討論了足足半天，最後得出一致結論：飯店必須停業半年，這樣才能在每個樓層施工，並且在地下室裡安裝最新式的馬達。

「除此之外就沒有其他辦法了嗎？」老闆皺著眉頭問，「如果停業，那將會損失難以計數的營業額。」但建築師和工程師堅持這是最好的方案。

就在這時，飯店裡的一位清潔工剛好打掃到這，不經意地聽到他們的談話，他直起腰說：「要是我，就會直接在屋外裝上電梯。」語畢，所有的人都說不出話來。

第二天，飯店就開始在外面安裝新電梯，而這也是建築史上第一次把電梯安裝在室外。所以說，經驗固然重要，但不恪守經驗，成功有可能會意外降臨。

激發創新意識，鼓勵創新思維

團隊若要持續發展，創新是最根本的保證；強化創新人才的培養，提高創新意識，是團隊領導者的首要任務。要創新，首先就要培養員工的創新性思維，所謂「創新性思維」，就是指具有發現性和開拓性的思維，該思維要具有首創性和廣闊性，要善於聯想，不分點面，不分正反，讓思維打破慣性，發散開來。創新性思維的運用並不是一蹴而就，而是一個需要自我突破的過程；唯有克服傳統的定向、線性思維的模式，且不自卑、敢於說出自己的想法，才能走在別人的前面。

創新意識在任何一個卓越的團隊裡都被看作是最重要的資源，他們會支持、鼓勵那些勇往直前、堅忍不拔、不怕失敗的人。美國 3M 公司就是這樣一個企業團隊。

許多年前，3M 公司有名年輕人一直試圖為製造砂紙剩下的棄料尋找新的用途，當時的上司認為他不務正業，就把他解雇了；但後來，3M 公司發現他一直堅持不懈地探索試驗的精神，於是又把他找了回來，並為他的研究提供了所需的資源。最後，這位年輕人的發明讓 3M 公司躋身油毛氈製造顆粒原料行業的龍頭企業之列，而他也被晉升到該部門副主管的職位。

3M 公司之所以能夠成為美國最有創新精神的公司之一，正是因為它嚴格地遵守了這樣一條戒律：不得扼殺有意義的創新意識。

明智的領導者都懂得為員工的創新給予精神、時間以及金錢方面的支持，並及時獎勵有創新意義的行為。有的企業還會對成功的創意按贏利分成，比如 IBM 公司。

IBM 公司制訂了發明創造獎勵制度，把採用員工建議所獲得的利益換算成金額，取其一個年度所創造利益的 25% 作為獎勵，獎勵金額最高可達二十七萬美元。且對於特別重大的創新，除第一年所支付的 25% 的獎金外，往後每年還會追加給付 10% 的獎金，即使該員工已退休或者離開公司，獎金也照發不誤。

在這種創新獎勵制度下，IBM 公司的領導者根本無須費太多心思，新的發明、創新就會不斷地湧現出來，從而成功地推動了公司的發展。

任何一個試圖長久立足和發展的團隊，都離不開創新，要使每位員工都具有創新意識，就必須對員工的新想法、新做法給予支持並加以獎勵。而且，在獎勵創新的同時，還不要太追究創新的結果，如果員工因為創新的失敗而受到懲罰，那麼他們就不會有再一次的創新，只安於現狀，他們會從保險的角度出發，循規蹈矩地辦事，再也不會有人願意冒險嘗試。

優秀的領導者都能體會到，在眾多員工中，成就最大的往往是那些敢於冒險、突破的人；不冒險，雖然能避免犯錯的風險，但同時也會失去很多成功的機會。

因此，對於團隊領導者來說，要特別注意保護員工創新的積極性，培養員工的創新意識。而團隊員工的創新意識培養你可從以下幾方面入手：

- 加強訓練，不斷給員工提供學習和提升的機會。
- 公司在作重大決策的時候，讓員工有發表意見的機會，透過投票、座談會、會議等形式進行溝通互動。
- 建立績效考核與激勵制度，激發員工積極上進，發揮特長。
- 實行合理化建議獎勵制度，鼓勵員工提出建議，讓團隊不斷完善。

創新意味著必須最大限度地激發人的創造力。團隊領導者要致力於培養員工的創新意識，創造一種良好的創新環境，使每位員工都積極投身其中。

 創新要遵循孤峰原理

創新要抓準突破點，並在突破後形成定點，最後發展為團隊的核心競爭力。創新往往是先從某方面起始和突破，從而形成「孤峰」，發揮其優勢。

洪江然設立了一間小企業，她在實際經營中體會到企業創新的落腳點就是開發新產品，因此十分重視創新。

她開辦的是一家小毛巾廠，當初只是想為殘疾人士提供就業機會而創辦。而一次和朋友聚餐時，她偶然聽到了關於不織布的情況，讓她萌生了一些不同的想法。

她開始思考，自己生產的毛巾和其他廠家的毛巾大都是化學纖維的，而不織布與化學纖維相比，具有不掉毛、成本低廉、自然分解等優點，如果用不織布生產毛巾一定很有前景。這個創意從腦子裡迸發出來以後，她並沒有馬上付諸實踐，因為她知道創新要以企業的實際情況為考量，要適合企業自身的發展要求，審視它的可行性與科學性，並且經過反覆考證，思路成熟了才能實施。

經過調查，她發現當地各大餐館、飯店用的小毛巾大都是化學纖維的，沒有不織布好；且全國光在餐桌上使用的一次性用品每年消耗達上千億元，僅用來擦手、擦嘴的一次性小毛巾就佔了大約一百億元，如果把那些小毛巾改為不織布，將大有前景。她如同發現新大陸一樣高興，急忙找來有關方面的技術專家，將自己的想法與他們進行了討論，得到了大家的一致認可。於是，她聘請了毛巾設計和製造方面的專業人員，經過苦心研究，終於在半年內成功研製以不織布為原料的餐飲濕巾。

新產品只有得到廣泛的市場認可，才能成為企業的優勢。於是她在推銷新產品時花了很多心思。經過艱苦努力，新產品慢慢得到市場認可，逐漸熱銷起來，她緊緊抓住這個契機，打算再進行一番改進，把新產品變為自己企業的絕對優勢。經過調查她發現，到餐廳、飯店吃飯的顧客大多都和朋友、親戚一起，相互聚餐以融洽感情；於是她想到如果把濕巾變為一種烘托氣氛、融洽感情的工具，那麼不僅不用擔心自己的產品賣不出去，對餐廳、飯店而言，還能增加客流。但是，如何才能讓自己的餐飲濕巾達到這種功能呢？她左思右想，突然閃出二個想法：一是讓濕巾更加輕巧，看上去也美觀；二是外包裝上印製幽默笑話、漫畫，增加吸引力。

一個月後，改良後的餐飲濕巾正式投入市場。這款產品價格低廉，而且又有衛生保證，包裝袋上還印有幽默笑話、漫畫等炒熱氣氛的內容；這樣不但增添了餐廳氣氛，而且還能緩和服務上的不周到，如客人太多、上菜不及時，客人可以透過閱讀幽默笑話來打發等待時間。

她先拿給老客戶試用，市場反應很好。於是，他們立即著手批量生產；而有了這個優勢支撐，企業不斷壯大，一年後便改組為股份有限公司。

團隊領導者最重要的工作，就是設法找出團隊的相對優勢，並且銳意創新，最大化地發揮其效應，成為自身賴以生存的優勢。因此創新必須做到以下幾點：

找準優勢所在

從團隊長遠的利益和經濟效益上考慮，必須為打造核心競爭力而銳意創新。創新並非一時衝動，而是深思熟慮後的科學決策；不能多方面探索，只能根據自身條件找到最容易突破的項目，打牢基礎，從研發到批量生產，穩步推進，最終把長處突顯出來，成為獨具特色的優勢。

2 抓住消費心理

奇妙的創意，精巧的新思路，如果沒有將其轉化成利潤，就會像一輛昂貴的名牌轎車被棄置於泥沼中一樣。所以想打造自身優勢，就一定要解決以下三個問題：

- **可行性論證：**新的構思是否與自身的特長、能力有著巧妙的契合，是否可以利用自身的專長，將這個「新」從簡單的想法轉變為現實產品，並通過認可。
- **市場論證：**新產品是否可以生存下去，首先要考慮是否有需求，是否有人願意掏腰包購買；市場潛力有多大，是否可以存活；而能否經得住市場的驗證，唯一的衡量標準就是能否滿足市場需求。
- **消費心理論證：**真正可以利用新招數、新想法使自己的創意「開門紅」的，除了專案與產品優勢外，契合消費心理的創意構想也極為關鍵，能為團隊打開市場之門。

3 團隊的創新要持續不斷

在一般條件下，團隊的整體績效是由「孤峰」原理決定的，但這種「孤峰」並非恆久不變；市場規律告訴我們，今天的「孤峰」，明天或後天很可能就被市場浪潮淹沒。因此，團隊只有不停地否定自我，不斷創新，才能站穩腳跟。

4 要因地制宜

在當今市場極其發達的條件下，團隊之間透過上、中、下游產業分工等形式進行緊密的社會化分工合作，企業更應當注意結合自身的實際狀況，建造「孤峰」，提升競爭力。

如果一個團隊在長時期內沒有「孤峰」出現，也就是說沒有創新，那麼這個團隊的生命很可能就要結束了。

積極地構建「孤峰」並盡可能地發揮優勢是團隊發展最佳的戰略選擇。在市場上，消費者所感受到的是由「孤峰」營造的團隊或企業特色，縱使其他方面很普通一般，也不會妨礙、影響團隊的競爭力提升，透過孤峰反而能增強企業的核心競爭力。

6-5 建立共同的願景，擁有相同的努力目標

最初團隊建立的原因是大家有共同的願景，並希望這個願景可以透過大家的力量，共同努力得以實現；但是隨著團隊日益發展壯大，共同的願景也就變得越來越難契合每一個人，慢慢地轉變為團隊中少數幾人的願景，而不是大家共同的願景。

當團隊失去前進的動力時，需要適時地給予團隊一些動力，而再次建立一個符合團隊共同期望的願景就是一個非常好的辦法。每個人都有權利勾勒未來的藍圖，希望自己在未來可以實現怎麼樣的生活，希望自己在一定時間內能做出怎麼樣的改變，這些都是願景。而團隊的願景和個人願景則有一些區別，團隊的願景需要照顧到團隊中大多數人的希望，且必須要以團隊出發，作為一個集體的目標。所以團隊願景要肩負的東西比個人要多，但當團隊願景與團隊成員的目標、價值觀達成一致，產生的效果是不可估量的，團隊成員將會發揮自己的潛能和熱情賣力工作。

團隊由不同的背景、學歷、性格的人組成，雖然大家有不一樣的價值觀和期許，但還是能從中找到相同的目標，而這個目標就是共同願景的雛形。

要建立起大家都願意接受，並且可以作為團隊動力的願景不是一個簡單的事，一個隨口說出的承諾就是一份責任。一個成功的願景有五個特徵，由這五個特徵支撐著願景，為團隊創造源源不斷的動力。

- **清楚性：**從某方面說，願景有著和藍圖一樣的特徵，它們都需要呈現出畫面感，而且這個畫面必須細緻、清楚，讓人在說出願景的時候就能夠在腦中想像出一個清晰的畫面；只有一個清晰準確的願景才能讓人感覺到真實，願景可不能是騙人的海市蜃樓，所以在建立願景的時必須讓人覺得具有可實現性，畢竟沒有人會為了海市蜃樓狂奔。

- **時間性：**時間是檢驗所有願景最可靠、最客觀的標準，如果一個成功的願景不能維持較長的時間，那麼這個願景就是騙人的空話。且對於一個團隊來說，如果你不能夠保證願景具有持久性，一、兩年便換一個願景，那團隊員工又要怎麼跟上如此快速的節奏呢？願景不是什麼保鮮的產品，它應該要贏過時間，在任何時候都能引起共鳴。
- **共同性：**團隊的願景不應該只屬於團隊，它應該是所有人都希望達到的願望；儘管團隊中的成員會有各種各樣的目標和願望，但是在這些願望和目標中總有一些是具有共性的。也就是說，大家既然待在一個團隊中，就一定會有和團隊相交集的目標，而這種具有共性的目標就是建設願景的草圖。
- **吸引力：**成功的願景必須具有吸引力，讓團隊所有人都覺得這個願景值得大家去努力，這樣才能成為團隊的動力。一個美好的願景能不斷地吸引各式人才為團隊效力，反之如果願景完全不具有吸引力，又憑什麼讓人為此努力奮鬥呢？
- **服務性：**我們說過，願景不應該是團隊的願景，它應該是團隊所有人的願景，這兩者的區別在於，團隊的願景服務於團隊，它不一定能為團隊中的成員著想；而團隊中所有人的願景則是團隊中的大多數和團隊的共同利益。因此，如果很多團隊在建立願景的時候常常站在自己的角度上，而這樣的願景會讓團隊成員覺得與自己無關，既然和自己無關，那又憑什麼讓人付出幾倍的努力呢？

一個成功的願景，服務的是整個團隊和團隊中的所有人，因為願景為團隊成員帶來無數的希望和動力。但無論是團隊成員還是團隊，都會有一段迷茫、失落的時期，而要走出這個時期的困擾，就需要再一個希望，再一個目標，給予他們熱情，讓他們充滿動力。

共同的願景也是團隊的凝聚力，這種力量能讓團隊成員建立一種心往一處使的狂熱境地。大家不會因為一點點小分歧就鬧矛盾，也不會因為利益分配不均而心懷怨恨，因為大家知道，現在的付出是為了實現更美好的未來。而作為團隊中的領導者，就要把建設共同的願景作為建設團隊、激勵團隊的一種手段，這也是團隊前進的一個目標。

既然願景對團隊有那麼重要的作用，那到底應該怎樣建設共同願景呢？

1 收集團隊成員的願景

這一步是建立共同願景的基礎，上述提過，共同願景不是團隊的願景，而是團隊中所有人的願景。所以在建設願景之前，應該讓成員都表達出個人對於願景的想法，讓大家都參與到團隊願景的制訂中，這樣的共同願景才會更具有動力。

在收集團隊成員願景的時候，你也應該設置一些限制，不要讓員工提一些不可能實現的願望，因為任何的願景都要以能夠實現為前提。

2 修飾願景，感染他人

每個人都會有別於不同人的願景，如此一來，團隊就會產生各種不同類型的願景，那要怎樣才能從眾多的願景中歸納出一個既符合團隊成員，又能感染他人的共同願景呢？其實很簡單，那就是利用篩選的方式，找出所有人都希望看到，又能夠實現自己願望的願景。

找到了共同的願景後，你要在細節上對其進行修飾，這樣才能讓團隊成員對共同願景有一個清楚、真實的認知；且共同願景必須要有感染力，這樣才能夠讓團隊成員甘願為這個共同的願景付出努力。

3 願景登場，化作動力

願景要讓團隊中的所有人都知道，讓他們可以明白整個願景表達的是什麼，自己又是扮演一個什麼樣的角色，參與者或是旁觀者？而在讓他們瞭解願景的時候你要告訴他們，團隊成員是這個願景的實現者和受益者。只要大家透過努力和付出，就能讓願景實現，而實現的願景前提是要為團隊中的每一個人服務。告訴員工，只要大家同心協力，就可以把願望變成現實，大家就能夠得到想要的東西；惟有讓團隊中的成員感覺到自己是這個願景的受益者，他們才會真的付出努力。

4 讓願景變成具體的禮物

其實團隊中的成員，他們大多關心的不是團隊能發展到什麼程度，而是他們能從中得到什麼？如果你只是給他們一些很虛無縹緲的東西，他們會覺得願景只是一個大幌子；所以在願景中應該讓他們看到具體的禮物和獎勵，有了實實在在的東西，他們才會真切的認識到，團隊的願景能夠實現。

彼得・聖吉（Peter M. Senge）曾經說過：「當一群人執著於一種心中的願望時，便會產生一股力量，做出許多原本做不到的事情。」共同的願景其實就是這種願望，並且能成為足夠燃燒推動整個團隊進步的動力；我們不要小看執著的人，更不要小看一群執著的人，只要有足夠誘人的願景來做為動力，就一定可以創造出無法想像的奇蹟！

目標導向，讓心向一方

在拉車的時候，如果大家施力的方向不一致，有人向左有人向右，有人向前，有人向後，那車必然是原地不動、難以前進。而團隊就如同這輛車，各個成員就是負責拉車的人，若想要讓團隊蒸蒸日上，在軌道上迅速前行，每位負責拉車的成員就必須有一致的方向和目的地，這也是我們所說的目標。據行為科學家研究，人的行為大約可以分為三類：

- **間接行為：**即為了滿足將來的某些需要而作出的一些行為，該行為未必會對現狀造成明顯影響。
- **目標行為：**即達到某一個短期目標，滿足某種需求而引發的行為。
- **目標導向行為：**即為了尋求達到某個目的的方法而表現出來的行為。

無論是目標行為還是目標導向行為都說明：目標具有導向作用。如同燈塔一般，能夠為人指引前進的方向，而一旦有了明確的方向，前行的步伐自然能夠更加堅定且有效率。目標是非常重要的，在目標導向的作用下，人才有可能一鼓作氣，集中優勢和力量向某個方向努力，取得比別人更加輝煌的成果。團隊也是一樣，只有在目標導向的作用下，團隊中的成員才可能將力量用在正確的方向，為共同的目標而努力奮鬥，從而實現團隊利益的最大化。

任何一個優秀的團隊都應該具備一個統一且明確的奮鬥目標，讓團隊每位團員心向一方，緊密團結在一起，形成牢不可破的凝聚力。團隊目標可以說是團隊文化和團隊特點的核心內容，是最不能缺少的組成要素，而要做到這一點，制訂團隊目標就成為了最重要的關鍵。

雖然目標的制訂應盡可能地吸收每位成員的意見，但在制訂目標的時候，你還是需要用一些條件進行把關，以確保制訂出來的目標具有可行性；而這就需要在制訂目標的過程中遵循目標制訂的「黃金準則」。

1 明確性

制訂目標的時候，一定要注意明確性。而明確性主要表現在兩個方面，一是目標內容要明確，二是目標表述要明確。

目標內容明確意思就是領導者所制訂的目標要有一個切實的衡量標準，便於衡量目標達到與否，比如團隊所制訂的目標如果是「盡一切所能為客戶服務」，這就非常不明確。首先，目標沒有一個切實的衡量標準，我們根本不知道如何去確定是否達到了該目標，其次，該目標導向性也十分不足，如何「盡一切所能」，怎樣才算「盡一切所能」呢？這都是令人非常模糊的表達。而假設我們換一種方式，將這個目標設定為「減少客戶投訴」，或「提升問題處理速度」等具體方面，那麼便有了一個衡量的標準作為參考。

目標表述要明確，主要作用於傳達目標的過程中，人與人之間的溝通最大的問題在於有時不能理解對方的意思，或將對方的意思產生誤解。當我們制訂一個目標之後，要把這個目標傳達給團隊每一位成員，若在表述的過程中出現問題，引起歧見，團隊的目標則可能難以實現。因此，在表述的時候，一定要清晰明確，儘量避免有歧見的表述形式。

2 可衡量性

目標的可衡量性實際上與明確性有著較為相似的特徵，但明確性主要體現於具體的內容以及清晰的表述上，而可衡量性則主要體現在指標或資料方面。

目標的制訂一定要有能夠衡量的指標與資料，否則我們就無法判斷該目標距離有多遠，或目標究竟是否能夠實現。一旦失去明確的可衡量性，團隊中對於該目標的認定必然會產生分歧。

當然，並非所有制訂的目標都能夠用準確的指標或者資料進行衡量，所以在這種情況下，我們可以為該目標制訂一些具體的量化資料，以此作為對比。比如我們所要制訂的目標是：年底之前完成團隊所有員工的教育訓練。但這樣的目標就難以作出評估，是只要所有員工都進行訓練就可以呢？還是需要達到某一程度才算過關？對此，我們可以在實現該目標的過程中，考慮設置一些考試以及分數，並具體規定：經過訓練過後，所有員工都必須達到某一分數才算過關。如此一來，不可衡量的目標也都有具體的衡量標準了。

3 可接受性

制訂目標的時候，人們最容易犯下的錯誤就是好高鶩遠，將目標定得太高。有遠大的目標不是壞事，但我們要注意，團隊目標與個人理想不同，制訂團隊目標，為的是給團隊一個導向，讓每位成員都能向著相同的方向努力，攻克難關。如果目標定得過高，很有可能會打擊到團隊員工的自信，引起他們的抗拒。

因此，在制訂目標的時候，一定要考慮到目標的可接受性，只有團隊成員都接受這一目標，並對完成該目標有信心，這個目標才可能激發團隊成員的工作熱情與積極性。

4 實際性

在制訂目標的時候，還要考慮該目標的實際性。想要完成某項工作任務，除了努力和熱忱之外，我們還必須考慮到外界條件的限制；不管是過於樂觀還是過於悲觀，對團隊來說都不是一種好的現象。

一般來說，在實際性方面，我們應該考慮到人力資源、技術資源、硬體條件以及團隊所處的工作環境等等方面，估量出團隊的綜合實力，以便制訂出符合團隊實際能力的目標。

此外，還應該注意一點，我們強調，制訂目標的時候要考慮其實際性，但這並不意味著要放棄挑戰。有一定挑戰性的目標能帶給團隊成員一定的壓力，而這種壓力通常能轉化成動力，讓團隊發揮出不同以往的實力，並為團隊帶來成就感；作為目標制訂人，一定要注意挑戰性和實際性的相融合，把握兩者之間的度。

5 時限性

任何目標都應該有一定的時間限制，時間就是金錢，我們不可能在一件事情上浪費大量的時間。因此，在制訂目標的時候，一定要考慮到目標的時限問題。況且，在市場中，時間往往是制勝的關鍵，同樣的東西在不同的時間裡，所能展現出的價值也是完全不一樣的；所以，在制訂目標的同時，一定要考慮到實現目標的時間問題，以免影響到團隊其他工作，並避免因時間過長而導致的不良影響。

收藏大師風采，不用花大錢！

EDBA 擎天商學院係由世界華人八大明師王擎天博士開設的一系列淘金財富課程，揭開如何成為鉅富的秘密，只限「王道增智會」會員能報名學習。內容豐富精彩且實用因而深受學員歡迎，為嘉惠其他未能有幸上到課的讀者朋友們，創見出版社除了推出了實體書，亦同步發行了實際課程實況 Live 影音有聲書，是王博士在王道增智會講授「借力與整合的秘密」課程的實況 Live 原音收錄，您不需繳納 $19800 學費，花費不到千元就能輕鬆學習到王博士的秘密系列課程！

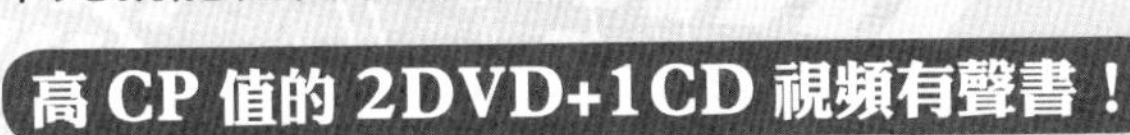

★內含 CD 與 DVDs 與九項贈品！總價值超過 20 萬！
超值驚喜價：$990 元

EDBA 擎天商學院全套系列包括：
書、電子書、影音 DVD、CD、課程，歡迎參與——

- 成交的秘密（已出版）
- 創業的秘密
- 借力與整合的秘密（已出版）
- 眾籌的秘密
- 催眠式銷售
- 網銷的秘密
- 價值與創價的秘密
- B 的秘密
- N 的秘密
- T 的秘密
- 公眾演說的秘密（已出版）
- 出書的秘密
- 成功三翼
- 幸福人生終極之秘

……陸續出版中

實體書與課程實況 Live
影音資訊型產品同步發行！

《成交的秘密》
王擎天 / 著　$350 元

《借力與整合的秘密》
王擎天 / 著　$350 元

《公眾演說的秘密》
王擎天 / 著　$350 元

擎天商學院系列叢書及影音有聲書，於全省各大連鎖書店均有販售，歡迎指名購買！
網路訂購或「EDBA 擎天商學院」課程詳情，請上新絲路官網 www.silkbook.com

窮人自食其力，富人借力使力，
透過團隊借力快又有效率！

小成功靠個人，大成功靠團隊！

當前資訊時代，單打獨鬥的成功模式不易，必須仰賴團隊，互助合作，透過滾動的人脈與資源，讓您借力使力不費力！

借力使力等於加速度，借用越多的力量，成功得越輕鬆、越快。

借力使力最佳團隊

王道增智會

若想創業致富，開啟新的成功人生，只要在 2017 年成為**「王道增智會」**的會員，即可成為王擎天大師的弟子，王擎天博士成為您一輩子的導師後，不僅毫無保留的傳授他成功的祕訣，他所有的資源您也可以盡情享用！博士基於其研究熱情與知識分子的使命感，勇於自我挑戰並自我突破，開辦各類公開招生的教育與培訓課程，提升學員的競爭力與各項核心能力，每年都研發新課程，且所有開出的課程都是既叫好又叫座！王博士在兩岸共計 19 個事業體，其接班人也將由弟子中遴選，機會可謂空前絕後 !!!

「王道增智會」的另一重要功能便是有效擴展你的人脈！透過台灣及大陸各省市**「實友圈（王道下屬機構）」**，您可結識各領域的白領菁英與大陸各級政府與企業之領導，大家互助合作，可快速提昇企業規模與您創業及個人的業務半徑。

除了熱愛學習者紛紛加入**「王道增智會」**之外，想開班授課或想出版書籍者也一定要加入王道增智會！王道增智會所屬**「培訓講師聯盟」**與**「培訓平台」**以提昇個人核心能力與創富人生、心理勵志等範疇，持續開辦各類教育學習課程，極歡迎各界優秀或有潛質的講師們加入。此外，王擎天博士下轄數十家出版社與全球最大的華文自資出版平台，若您想寫書、出書，加入王道增智會，王博士即成為您的教練，協助您將王博士擁有的寶貴資源轉為您所用，與貴人共創 Win Win 雙贏模式！

“優良平台 · 群英集會，
資源共享，共創人生高峰！”

「王道增智會」會員的第一項福利就是
王博士將其往後終身所有的課程一次性地以
「終身年費、終身上課完全免費」
的方式送給您了！
您還在等什麼呢？

報名專線：
02-8245-8318

新·絲·路·網·路·書·店
silkbook ◦ com
www.silkbook.com

COUPON優惠券免費大方送！

2019 The World's Eight Super Mentor

世界華人八大明師會台北

創業培訓高峰會　人生由此開始改變

Startup Weekend @ Taipei

就由重量級的講師，指導傳授給你創業必勝術，
為你解析創業的秘密，保證讓你獲得最終的勝利、絕對致富

地點 台北矽谷國際會議中心（新北市新店區北新路三段 223 號）
時間 2019 年 6/22、6/23，每日上午 9：00 到下午 6：00
票價 年度包套課程原價 49,800 元　推廣特價 19,800 元
注意事項 更多詳細資訊請洽（02）8245-8318 或上官網新絲路網路書店 www.silkbook.com 查詢

★★憑本票券可免費入場★★
6/22 當日核心課程或
加價千元搶先取得 VIP 席位
擁有全程入場資格

入 場 票 券

世界華人講師聯盟　采舍國際　silkbook.com

2018 世界華人八大明師 The World's Eight Super Mentors

CP值最高的創業致富機密， Startup Weekend 會台北

世界級的講師陣容指導創業必勝術，
讓你站在巨人肩上借力致富，
保證獲得絕對的財務自由！

入 場 票 券

定價▶ 19800元
（憑本券免費入場6/23單日核心課程）

時間 2018年6/23，6/24每日上午9:00至下午6:00　**地點** 台北矽谷國際會議中心（新北市新店區北新路三段223號）
票價 單年度課程原價49800元　推廣特價19800元
憑本票券可直接入座6/23單日核心課程一般席，或加價千元入座VIP席並取得全程入場資格！
注意事項 更多詳細資訊請洽(02)8245-8318或上官網新絲路網路書店www.silkbook.com查詢！

采舍國際有限公司

世界華人講師聯盟　采舍國際　silkbook.com

COUPON優惠券免費大方送！

國家圖書館出版品預行編目資料

帶對了！天兵也能變菁英 / 林均偉 著.. -- 初版. --
新北市：創見文化出版, 采舍國際有限公司發行,
2017.08　面；公分--（成功良品；100）
ISBN 978-986-271-770-7（平裝）

1.企業領導　2.組織管理

494.2　106008044

帶對了！天兵也能變菁英

Raise your leadership and make your team be better.

成功良品 100

帶對了！天兵也能變菁英

創見文化·智慧的銳眼

本書採減碳印製流程
並使用優質中性紙
（Acid & Alkali Free）
通過綠色印刷認證，
最符環保要求。

出版者／創見文化
作者／林均偉
總編輯／歐綾纖
主編／蔡靜怡
文字編輯／牛菁　　美術設計／吳佩真
郵撥帳號／50017206 采舍國際有限公司（郵撥購買，請另付一成郵資）
台灣出版中心／新北市中和區中山路2段366巷10號10樓
電話／（02）2248-7896　　傳真／（02）2248-7758
ISBN／978-986-271-770-7
出版日期／2017年8月

全球華文市場總代理／采舍國際有限公司
地址／新北市中和區中山路2段366巷10號3樓
電話／（02）8245-8786　　傳真／（02）8245-8718

全系列書系特約展示門市
新絲路網路書店
地址／新北市中和區中山路2段366巷10號10樓
電話／（02）8245-9896
網址／www.silkbook.com

創見文化 facebook https://www.facebook.com/successbooks

本書於兩岸之行銷（營銷）活動悉由采舍國際公司圖書行銷部規畫執行。